自然资源
野外工作和生活指南

ZIRAN ZIYUAN YEWAI GONGZUO HE SHENGHUO ZHINAN

自然资源部科技发展司
陕西测绘地理信息局　编著

西安地图出版社

图书在版编目（CIP）数据

自然资源野外工作和生活指南 / 自然资源部科技发展司，陕西测绘地理信息局编著 . –– 西安：西安地图出版社，2020.7

ISBN 978-7-5556-0617-8

Ⅰ . ①自… Ⅱ . ①自… ②陕… Ⅲ . ①外业—指南 Ⅳ . ① P205-62

中国版本图书馆 CIP 数据核字 (2020) 第 056901 号

著作人及著作方式：自然资源部科技发展司
　　　　　　　　　陕西测绘地理信息局　编著
责任编辑：董兆昕　张正嫄

书　　　名　自然资源野外工作和生活指南

出版发行　西安地图出版社
地址邮编　西安市友谊东路 334 号　　710054
印　　刷　中煤地西安地图制印有限公司
开　　本　787 mm × 960 mm　　1/16
印　　张　15.75
字　　数　301 千字
版　　次　2020 年 7 月第 1 版　　2020 年 7 月第 1 次印刷
书　　号　ISBN 978-7-5556-0617-8
定　　价　69.00 元
版权所有　侵权必究

自然资源野外工作和生活指南
编 委 会

主　任： 杨宏山　　何凯涛

副主任： 王占宏　　刘海岩

主　编： 段同林

副主编： 施雪梅　　张　智　　陈晓宁　　毛腊梅

编　辑： 余传杰　　张　鸿　　许诚刚　　张长安　　高振南

　　　　　　李　军　　韩同顺　　张朝晖　　赵　斌

序

青山看不厌，流水趣何长

　　自然资源作为人类赖以生存和发展的基础，与每个生命息息相关。从古至今，人类始终在与大自然的斗争中学着与自然和谐相处。自然资源系统工作者在长期的野外工作中，不断学习着如何更加尊重自然、敬畏自然、善待自然。习近平总书记指出："我们要维持地球生态整体平衡，让子孙后代既能享有丰富的物质财富，又能遥望星空、看见青山、闻到花香。"《自然资源野外工作和生活指南》一书，便是根据多年实践经验，总结出大量野外工作和生活技能，更好地实现人与自然和谐共生。

　　何以看山，何以识水。本书包含大量野外工作实际操作专业技能，具备深度、广度与可操作性，这得益于野外工作者多年的工作经验。陕西测绘地理信息局建局 60 多年来，拥有全国规模最大、专业最全的外业测绘队伍。建局以来，该局干部职工攀高峰、穿密林、蹚急流、过险滩，无所畏惧、勇挑重担，完成了数不胜数的国家急难险重测绘任务。他们用脚步丈量着祖国的每一寸山河。"世界之巅"的珠穆朗玛峰有他们的脚印，"万山之祖"的帕米尔高原有他们的身影，"三江并流"的横断山脉有他们的汗水，"死亡之海"的塔克拉玛干大沙漠有他们长眠于此的英烈……他们曾数百次深入各类无人区，广泛服务国家经济建设、国防建设、生态文明建设和自然资源开发，积极开展自然资源调查核查、山水林田湖草动态监测，默默无闻地为国家经济建设和社会发展贡献力量。

　　2015 年 7 月 1 日，习近平总书记在给自然资源部第一大地测量队（原国家测绘地理信息局第一大地测量队）老党员老队员回信中，充分肯定了测绘人的历史功勋，并勉励全党同志要"不忘初心、方得始终"，要"在党爱党、在党为党；忠诚一辈子、奉献一辈子"。新时代，测绘这个以往单独设立的部门，迎来了难得的发展机遇，与国土、地质、海洋等多个部门深度融合组成自然资源大家庭，将更加直接服务于国民经济和社会发展各领域。准确掌握自然资源家底，自然离不开大量的野外工作，而本书恰能给予专业的指导。

何以共生，何以为家。党的十八大以来，以习近平同志为核心的党中央大力推进生态文明建设，把生态文明建设纳入中国特色社会主义"五位一体"总体布局，将生态优先的绿色基因植入经济社会发展各个领域，建设美丽中国已成全民共识。自然资源系统肩负着统一行使全民所有自然资源资产所有者职责，以及统一行使所有国土空间用途管制和生态保护修复职责，将深入践行"绿水青山就是金山银山"理念，摸清"山水林田湖草"资源，积极发挥生态文明建设"主力军"作用，为建设美丽中国提供有力支撑。森林的保护、环境的治理、生物的多样性、土地的整治，都与自然资源野外工作者有着紧密联系。

"一水护田将绿绕，两山排闼送青来。"本书根据自然资源测绘、地质外业工作者丰富的野外工作经验，以强烈的环保意识为核心，制定出适应不同地形地貌、气候条件、作业类型等影响因素的作业方案和安全保障措施，对地表土壤、植物、动物、水源等保护措施进行了梳理，也涉及一些地区的民俗习惯，希望这些不仅能在专业知识上提供指导，更为贯彻落实生态文明理念出一份力，共同保护人类美好的家园。

　　为适应新时代野外工作需求，在自然资源部科技发展司的组织和指导下，关于野外工作保障方面的相关技术标准也即将发布，这将进一步保障野外工作人员的身体健康和生命安全，改善工作和生活条件，推进自然资源野外工作的后勤保障标准化建设。陕西测绘地理信息局自2016年以来，通过推广"标准化测区"建设，规范单位内部和野外工作管理，多次得到自然资源部科技发展司的指导。目前，在陕西测绘地理信息局多个测区，野外工作更加井然有序、安全规范，戈壁荒漠中、高原雪山间，条件虽恶劣艰苦，但干部职工的精神面貌积极向上。

　　青山看不厌，流水趣何长。希望本书的内容对广大野外工作者、户外运动爱好者有所帮助。祝愿每一位自然资源工作者平安顺利！祝愿祖国的山更绿、水更清、人民生活更幸福！

目录

引　言

　　人的需求是多样的，但无外乎两个层面，即物质和精神。当物质需求得到一定满足，精神需求就会升华，就会产生质的飞跃。

　　改革开放 40 多年来，中华民族迎来了从站起来、富起来到强起来的伟大飞跃。人民对美好生活的向往发生了质的变化，多数人已不再满足"柴米油盐"式的温饱生活，开始追求"心灵深处"的满足，向往精神层面的升华。于是，很多人开始走出钢筋混凝土丛林，暂别喧嚣浮躁的城市。他们结成团队，选择各种出行方式，或徒步或骑行或自驾，去拥抱自然，亲近自然。有的徒步峡谷，有的丛林探险，有的江河漂流，有的绝壁攀岩，纵然劳其筋骨，空乏其身，也要剑锋所指，勇往直前！

　　那么，是什么力量驱使他们如此这般？是大自然神奇的力量在向他们招手，是天地日月之灵气在向他们呼唤。他们渴望融入绿水青山的自然怀抱，渴望聆听虫鸣蛙叫的自然乐章，渴望触摸风雨过后的七色彩虹，渴望体味挑战极限的快乐人生。这就是大自然的魅力，也是近年来亲近自然的户外运动如雨后春笋、蓬勃兴起的内在原因。

　　他们追求特立独行的生活，并不是哗众取宠，更不是为了标新立异，而是让自己放松心情，给自己的心灵找一片属于自己的天空。

　　来吧！朋友们，让我们推开键盘，放下手机，回到自然的怀抱，尽情地汲取自然的养分，体验一把"登泰山而小天下"的感觉。不来观世界，哪来世界观！当年，释迦牟尼在菩提树下如梦初醒，顿悟成佛。相信你也会触景生情，觉悟人生。你会在自然的怀抱里，暂时忘却功名利禄、荣辱得失，从容地面对花开花落、云卷云舒。此时的你，一定会顿然感觉如释重负，一身轻松。

　　但大自然并不总是美丽柔情的，有时也会露出狰狞的面孔。生活中，我们经常会看到这样的情景：白云悠悠的晴空顷刻间风雨交加、电闪雷鸣；清澈见底的溪流转瞬间乱石崩云、惊涛拍岸……我们对于大自然中类似这样的场景早已司空见惯。在我们背起行囊，来一次说走就走的野外之旅前，要在大自然面前怀揣敬畏，一定要做足功课，切勿任性、冲动和冒险。否则，就会为我们的安全出行埋下隐患。电视报道和网络新闻中常见经验不足的游人任性探险以致迷路失联，警方出动警力，政府耗费诸多资源，成功解救固然是皆大欢喜，但悲剧上演也不在少数。很多事件也引发了社会公众的强烈谴责，提出了"任性探险谁来买单"的质问。

类似这种现象，近年来有增无减，不断被媒体报道，任性冒险的户外运动不仅是对自己生命的不负责任，还会造成公共资源的极大浪费，更为蓬勃兴起的户外运动可持续发展带来隐忧。

大量例证告诫我们，任性、违规的野外探险，将造成过高的救援成本。野外探险必须做好充足的准备，其中包括对出行路线有充足的认识、有良好的组织团队，参与者具备野外生存能力和必要的专业知识等。

人类在城市蛰居惯了，野外生存能力自然就会下降，如很多人在野外不识可食植物，不懂就地取火，不会自做饭菜，不能辨别方向，脱离城市来到荒野，就会变得六神无主、不知所措。身处恶劣的户外环境毕竟是有风险的，如果我们不事先储备一些必要的野外生活知识和技能，一旦危机降临，就会紧张失措，甚至付出生命的代价。

鉴于野外测绘、地质工作者有着长年积累的野外生存经验、丰富的地理环境知识、熟练的户外装备使用技巧，我们结合野外工作相关要求以及户外运动者在实践中总结的经验，搜集整理编写此书，供野外工作者和户外运动爱好者出行参考。

尽管是笔拙凑文，但只要能为大家提供一点帮助，足矣。

第一章　出行准备指南

第一节　计划预案准备

古人云："宜未雨而绸缪，毋临渴而掘井。"还说过："工欲善其事，必先利其器。"意思就是说，我们做任何事情，欲求得结果圆满，就必须把过程中的每一个细节考虑周全，并提前做好各项准备。无论是到野外工作还是去户外旅行，毕竟身处荒野，风餐露宿，不确定因素很多，经常会迎接各种风险与挑战。因此，出行前一定要做足功课，只有做到未雨绸缪，才能有备无患，从容地应对野外环境下的各种不测，最终收获圆满。

那么，户外活动前期，我们都需要在哪些方面做准备呢？

一、制订出行计划

（一）活动区域、活动内容

首先，要确定活动的区域，依据区域的相关信息来拟定活动计划和内容。如果活动区域为偏远偏僻区域、高原高寒区域或荒漠戈壁地区，一定要收集相关区域的资料（如气象条件、民风民俗、治安状况、交通情况、医疗保障、物资供应、地形地貌等），通过这些资料，获取大量信息，从而确定活动内容，制订具体计划。计划要尽可能详尽，包括途中可能出现的突发意外情况以及应对预案，确保人身安全。

其次，活动内容必须是可行的，如果是休闲观光、短途旅行，只要稍做准备即可。但如果是徒步远足或穿越探险，就要做充足的准备。因为这些活动具有极强的挑战性、刺激性和冒险性，建议朋友们在出发前对自身的体能和经验做全方位的客观评估，量力而行，切勿盲目追求挑战、刺激和超越自身能力的行动。

（二）活动季节

野外工作和户外活动选择适当的季节非常重要。季节选择不当，不仅途中要吃很多苦，还会留下很多遗憾。季节选择要依据活动区域而定，比如，去江南要避开梅雨季节，去塞北要避开风沙季节，去高原要避开高寒季节，去荒漠要避开酷暑季节等，甚至要避开个别区域的特殊治安时期。

（三）出行方式、路线及起止时间

结合徒步、骑行、自驾等出行方式，依据户外活动出行区域的自然地理及人文要素状况，来确定采用何种出行方式，如徒步、单骑、自驾等。规划好出行路线，包括沿途的食宿、补给、休整地点，并规划每天出行的起止时间。

（四）出行人员

依据选定的户外活动区域、活动内容以及上述确定的其他内容，选择确定人员。人数较多时应确定一名负责人，并依据人员特点进行必要的分工，包括沿途生活垃圾处理、食宿安排、安全防火、应急措施等都要分工负责。如果活动内容为登山攀岩、穿越探险等高危项目，不建议单人行动，最好组团行动，人员组成建议与相互熟悉的朋友、同事结伴而行。

（五）物资准备

依据户外活动区域、季节、出行方式等情况，本着实用、专业、简单的原则，准备个人装备，避免盲目追求高大上、广而全。轻装、实用是唯一目的。

如果出行方式为骑行或自驾，则应携带自行车的维护工具（如打气筒、多用扳手、易损配件等）。汽车除必备的维护工具外，还应配备方便携带的装满备用油的加仑桶，汽车自救用的木板、铁锹和长度 5 米以上的救援钢丝绳等。

如果户外活动区域为人烟稀少或无人区，建议进入这些区域前备足易储存、易食用、易携带、高热量的食物。食品数量应根据出行计划再适当多备两三天的量，预防因发生意外而导致的时间延长。

（六）日程安排

合理的日程安排，可以让参与者收获更多的自然馈赠，所以制订一份周密、详细的活动计划尤为重要。

日程安排应以天为单位，详细计划每一天的行程。从活动路线的第一站开始，直到全程结束。主要内容包括启程日期、日行进速度、中途活动安排、当天目的地、食宿安排等方面。当出现人力不可抗拒的因素时，应及时进行计划调整。

（七）注意事项

野外生活不确定因素较多，若途经边防区，则应提前在户籍所在地或当地公安或武警机关办理边防通行证，进入国家级自然保护区的应在当地管理部门进行申请。每个人都应注意以下五方面要求。

（1）户外活动中无论遇到何种情况，任何人都应服从指挥管理、履行分工职责、相互协作，个人不得擅自行动。

（2）必须携带个人有效身份证件。

（3）进入特殊区域（如未开放的名山大川、野生动植物保护区等）需提前向有关部门申请，征得同意方可进入。

（4）注意保护活动区域生态环境。

（5）尊重少数民族风俗习惯。

二、制订应急预案

　　野外工作和户外活动，难免会遇到各种意外情况的发生。如果活动区域自然条件恶劣、生活条件艰苦、交通通达困难，则应制订意外情况应急预案。意外情况应急预案应包含以下内容。

（一）救援要求

　　野外活动应对突发意外情况应采取自救和社会救助相结合的原则，最有效的办法是自救，自救意识要强且要具备一定的自救能力。如果在徒步穿越或登山探险中突发意外情况，因客观条件的限制，救援宜采取以齐心协力自救为主，社会救援为辅的原则。发生意外情况时，每一个人都有义务和责任积极主动参与营救。当发生较多人员安全意外，自救无法脱离危险时，应在第一时间联系当地的救援机构（如医疗、消防、公安等）。

（二）意外情况种类

　　（1）人员意外，如交通事故、摔伤、溺水、被困、失踪、毒蛇咬伤、动物袭击、迷失方向等。

　　（2）其他意外，如汽车被陷、交通工具故障等。

（三）救援实施

　　当意外情况发生后，所有人员要保持冷静。根据不同的意外情况类型，准确判断意外情况的严重程度，采取对应的野外救援措施，必要时及时拨打119、122、120、110等电话，请求外部救援，确保人员安全。

　　1.人员或车辆交通事故

　　当意外事故发生后，首先立即对人员进行现场救援，力争将损失降至最低。依据事故现场情况判断事故的严重程度，及时决断是否需要请求外部救援。人员需要救护时，应立即打开备用的急救包对伤者进行简单救治，如果伤势较重，应设法用车护送伤者向救护车来的方向行进，以尽量缩短救护距离。同时其他人拨打应急救援电话和相关的保险公司电话，保护好事故现场，配合交警和保险员处理相关事宜。

2. 人员摔伤

在野外工作和户外活动中，意外发生人员摔伤，同伴应在保证自身安全的前提下，及时施救。如果伤及骨头或不能行走，应拨打救援电话，等待救援。条件允许时，应设法对受伤

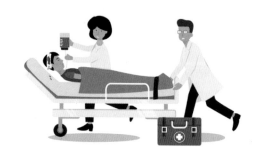

部位进行简单固定，制作简易稳定担架将伤者送到救护车可以到达的地方。

3. 人员被困

在山区意外遇到山洪、泥石流等险情时，人员应向地势高的地方转移，尽最大努力避免被困或受到伤害。一旦发现被困险情而无法自救时，应及时拨打救援电话，等待救援。

在戈壁荒漠地区突遇沙尘暴时，应立即寻找洼地或在灌木丛中藏身，并将衣服蒙住头部，迎风趴在地上耐心等待风沙结束。企图逃离的行为是最危险的，也是徒劳的。

4. 人员失踪

当队友发生失踪情况时，不要马上盲目寻找，应先沟通情况，冷静仔细回想来时路段的地形情况，分析队友失踪的可能地点，准确判断失踪的时间，依据行走速度确定寻找范围后，再分头寻找。要眼耳并用，一边搜寻一边有间隔地呼叫失踪人姓名。条件允许时应分组寻找，寻找

无果应打电话请求救援。

5. 迷失方向

在山区或荒漠区域有可能会迷失方向，当发现自己迷失方向后，千万不要紧张惊慌，应依据具体情况按以下几种方法处理。

（1）利用通信设备与同伴联系或原地不动等待同伴。

（2）依据自己掌握的方法重新确定正确的方向。有可能或可行的话，依据记忆或脚印退回到迷失方向前的地方，重新起步走上正确方向。

（3）打电话求助救援。

6. 汽车被陷或汽车故障

驾车探险或穿越，汽车会远离公路，一旦出现故障或陷入沼泽、河滩，首先必须设法自救。当车辆陷入沼泽或河滩时，应将车上装的物品全部卸下，另一辆车及时用钢丝绳将其拖出。必要时应用铁锹进行掏挖，并将准备的木板塞入车轮下，直到车出来为止。为防止多辆汽车同时陷入沼泽或河滩，车辆行驶间隔至少 50 米以上。当车辆发生的故障现场无法排除时，应及时打电话请求救援。

三、出行人员准备

出行计划确定后，依据活动区域、活动内容，对出行人员必须有针对性地进行身体检查、体能训练，以便排除身体隐患，做到轻松上路。

（一）身体检查

如果计划的活动区域为自然条件恶劣的高原高寒或戈壁沙漠等艰苦地区，为确保人身安全，建议对所有参与者进行身体检查，除高血压和

其他心血管病患者外，一般均可参加。依据体检结果对出行人员和计划进行必要的调整，这是确保野外人身安全最基本也是最有效的方法之一。

（二）身体调整

野外生活既浪漫也辛苦，时常跋山涉水、风餐露宿，对人员体能和心理素质有一定的要求，良好的身体素质是户外活动的基础。所以应对人员进行一些有针对性的体能训练，主要选择有氧运动，例如，简单易行的慢跑、快走等。有条件时最好采用集中式的拓展训练，确保达到预期目标。

（三）心理调整

所谓心理调整，就是在真实或想象的危险中，个人或群体感受到的一种紧张状态。表现为神经紧张，内心害怕，不能正确判断或控制自己的举止。遇到害怕的事情不敢尝试，你将永远害怕。最有效的办法就是增强自信，迈过心理恐惧这个坎儿，你将学会勇敢面对一切。

比如，初涉高原都会有高原反应，表现为头痛、头晕、心悸、气短、无食欲等，多数人反应期过后即恢复正常，如果心理有恐惧感，反而会延长高原反应期。此外要学会忘却，通过和朋友沟通聊天，分散注意力，心里的不适感就会慢慢退去。

（四）人员保护

野外生活人身安全是头等大事。要始终绷紧"安全第一"这根弦，切记"冲动是魔鬼，任性是祸根"。在野外对人员起保护作用最大、最直接的是户外装备。个人装备的价格悬殊较大，选择时应以适用为主，满足要求即可。

如果活动区域为经济发达地区，且自然条件好，安全系数高，一般不必做过多功课进行准备。如果活动区域为高海拔地区，建议不要一站式直达，应选择一处合适的地方做短暂过渡适应，效果更好。

　　刚进入高海拔地区，不要进行耗氧量大的活动，如装卸物品、洗澡等，即使走路、说话、吃饭等日常活动，均应缓慢进行，越"懒"越好，以免加快耗氧而加剧缺氧反应。最好以轻反应、快适应的效果结束三五天的反应期。高寒区域，应做好御寒保暖措施，避免勤洗澡，以防感冒。

　　高原高寒区域用一日四季形容天气的变化一点不为过。艳阳天遇到雨、雪、雹不足为怪，一般时间很短，但气温会骤降，应做好御寒保暖准备。

　　在我们尽情体验大自然带来的快乐的同时，千万不可忘乎所以，要随时留意身边潜在的风险点，做到防患于未然。否则，一旦发生意外，造成人身伤害，不仅给本人带来痛苦，还会对社会、家庭带来负担。此外，野外出行不要忘记给自己买一份意外伤害保险，若意外来临，可以把损失降到最低，以解后顾之忧。

第二节　交通工具准备

　　现在，户外活动的方式很多，多数人选择的是徒步、自驾、骑行等出行方式。自行车和汽车的种类很多，有的不一定适合野外远行。所以，一定要结合出行区域的交通状况，选择配置适合的交通工具。

一、自行车

　　自行车分为普通自行车和山地自行车两类，两者都是人力驱动的交通工具。普通自行车适用于在城镇、乡村等较为平坦路面上骑行。山地自行车适合长途、复杂路面、户外锻炼、野外工作等。

（一）普通自行车优缺点

优点是车座较宽，骑行舒适度高，长时间骑行不易疲劳。

缺点是弯腿姿势不易加速，材质强度不高，减震性能差，不适宜在颠簸路面骑行，爬坡性能差。

（二）山地自行车优缺点

优点是轮胎宽，稳定性好，带有变速器（最高可达33级变速），前后有减震系统，骑行较舒适，承受强度大，骑行灵活、抗震性能好，车架材质好，结构牢固，不易疲劳，提速快，适合在山路、坡道上骑行，爬坡省力。

缺点是因轮胎宽，阻力大，骑行速度相对较慢；车座小，所用力量在整个腿部，大腿、小腿、腰和胳膊长时间支撑，会使人感觉较累。

（三）骑车出行必要的准备

（1）工具准备：骑车旅行必须准备一些必要的维修工具，如小型打气筒、六方扳手、钳子、板子等。

（2）备件准备：长途骑行应准备一条内外备胎，预防爆胎。气门芯、补胎胶水、易脱落的螺丝或螺母、制动拉线、制动摩擦块等。

二、汽车

比起"背包客"来说，自驾旅行是比较自由的出行方式，它不仅省却了周转的苦恼，还避免了风吹雨打的痛苦，已成为很多人户外旅行的首选。那么，什么样的车型适合自驾旅行呢？老司机大都知道，但新司机特别是开车"两点一线"的上班族，可能不一定清楚。这里，给大家进行简单介绍。

（一）旅行车型的选择

（1）如果旅行路途海拔在 3000 米以下，且始终不离开县级以上公路，普通乘用车即可满足旅途要求。但如果旅行路途远、时间长，建议最好选择成色较新的旅行车（MPV）或越野车（SUV），当然房车也是不错的选择。

（2）汽车的内燃机功率，海拔每升高 1000 米会损失 10% 左右，所以驾车在高原行驶，排量过小的车型就会很吃力，比如，排量大的可以用 3 挡爬坡，小排量的只能用 1 挡爬坡。在多辆车结伴出行时，小排量车自然就会掉队。

（3）到高海拔地区最好选择底盘高、排量大的越野车型。青藏高原属高原高寒地区，气候多变、环境恶劣、路况复杂，甚至许多地方没有路，汽车常常在戈壁滩、草甸子上行驶，底盘低、排量小的车型很容易陷车。川

藏线的路面较好，但时有山体塌方情况发生，选择排量大、底盘高的车型通过性好，比较适合长途和高原地区使用。

从事野外工作或自驾穿越旅行，车型选择应注意以下几点。

①应选择四轮驱动车型，可大大提高行车效率和安全性。

②选择排量越大越好，一般排量最好在 2.5 升以上，底盘最小离地间隙大于 200 毫米的车型为宜。

③在困难地区除了满足以上两个条件外，还需尽量选择带有绞盘的越野车型。关键时刻绞盘可以自救，以提高汽车脱困效率。

（二）车辆的备件

如果是一般性自驾旅行，建议不要携带过多工具，否则工具过多会增加车的载重量，增加油耗，且占车内空间。车辆自带的随车工具，如

千斤顶、轮胎扳手、改锥、钳子、梅花扳手等,这些工具基本够用。现在多数驾驶员仅会换轮胎,所以千斤顶和轮胎扳手必须携带。但如果从事穿越探险或到野外艰苦地区工作,则必须携带以下工具。

①携带长度约 15 米的钢缆绳一条,铁锹一把,镐头一把。

②携带防滑链一副,以备车轮打滑。

③携带喷灯一盏,20 升备用油桶 1 个。

④汽车电瓶互搭线一副,用于电瓶亏电时借助其他车的电瓶点火启动。

⑤携带 2 个 "U" 形环,用于汽车脱困时与钢缆绳连接。

⑥特困地区携带长约 1.2 米的木板两块,陷车时支垫车轮。

⑦汽车专用脱困器。在汽车被困于湿地、沙漠、雪地时急用。

⑧车队出行还应配备车载电台、对讲机、工作灯、导航定位仪等。

第三节　生活用具准备

一、服装鞋帽类

（一）冲锋衣 / 裤

冲锋衣、冲锋裤是户外活动不可或缺的装备,它有防水、防风、透气的功能。

（1）防水性:能有效阻挡雨水的渗透,不会感到潮湿和寒冷。

（2）透气性:有排汗功能,能够在较短时间内让皮肤保持干爽。

（3）防风性:冷风不易穿透,保温性较好。

（二）抓绒衣 / 裤

抓绒衣、抓绒裤的特点是面料柔软，质量较轻，保暖性好，且穿着舒适，故深受户外爱好者的青睐。它既可以结合冲锋衣、冲锋裤作内衣使用，也可以当外套单独使用。

（三）排汗内衣

户外运动中，内衣的选择很容易被忽视，很多人依然穿着日常的棉质内衣参加户外运动，这是极不正确的。因为棉质内衣吸水性好，剧烈运动后会吸收大量汗水，且紧贴敷于身体，运动一旦暂歇停止，会立刻感到身体发冷，很容易引起身体不适。因此，户外运动选择适合的内衣很重要。

户外运动最好选择排汗性好、透气、不贴身、不粘汗的排汗速干内衣，能让身体始终保持干爽。

（四）速干衣 / 裤

速干衣是见风即可干的衣服，多数面料是化纤、聚酯纤维以及合成织物纤维。速干衣的主要功能是快速排汗，将汗水迅速吸收、扩散、蒸发，是户外运动不可缺少的服饰装备。

（五）羽绒服

羽绒服是户外活动首选的防寒装备，具有柔软蓬松、保暖舒适、色彩鲜艳、质量轻、体积可压缩、便于携带等优点。选择羽绒服应注意以下几点。

（1）羽绒服的填充物一般为鹅绒和鸭绒。鹅绒又分为白绒和灰绒，鹅绒保温性高于鸭绒。

（2）羽绒服的保暖性主要是由含绒量来决定的。一件羽绒服，如果填充物为 70% 的白鸭绒以及 30% 的白羽毛，则表明这件衣服的含绒量为 70%。充绒量与含绒量是不同的，含绒量算的是百分比，而充绒量是充入服装内的实际羽毛量加上绒的总质量，充绒量的多少与服装的大小号码有关。所以，含绒量越高保温性越好。当含绒量低于 50% 时，该产品是不符合国家羽绒服装规定的。

（3）选择羽绒衣应根据环境温度来考虑。如果所在地区为高寒地区，温度达到零下 30 摄氏度左右，应选择含绒量达到 90% 以上的羽绒衣。

羽绒裤的配备一般较少，大多在攀登雪山时才配置羽绒裤。

（六）服装温度参考值

进行户外活动前，应事先了解活动区域的气候特点、海拔高度、环境温度、雨雪天气等情况，根据这些信息结合服装温度参考值来选配服装。

通常服装温度参考值为：

①较厚的羽绒衣相当于 9 摄氏度。

②较薄的羽绒衣相当于 6 摄氏度。

③较厚棉衣相当于 5 摄氏度。

④厚羊毛衫、棉背心相当于 4 摄氏度。

⑤抓绒衣、薄外套相当于 3 摄氏度。

⑥厚棉毛衫相当于 2 摄氏度。

⑦T 恤短袖、薄棉毛衫相当于 1 摄氏度。

依据"26 摄氏度为参考点的穿衣法则"，比如，环境温度为 22 摄氏度，那么穿一件 T 恤短袖（增加 1 摄氏度）加一件薄外套（增加 3 摄氏度）就可以了。多数人在环境温度为 26 摄氏度时，感觉比较舒适。

（七）徒步登山鞋

一双好鞋能够让你在户外旅途中步伐矫健、足底轻松；反之，你会感到步履蹒跚、足底不适，甚至还会脚底打泡，疼痛难忍。因此，户外

活动配置一双适合的好鞋至关重要。那么，怎样选择一双适合自己的好鞋呢？

登山鞋和徒步鞋是有区别的，登山鞋都是高腰的，是专门为爬山而设计的鞋。鞋底较硬，主要用来保护脚踝，防止在凸凹不平的路况下被扭伤。

徒步鞋适用于长途跋涉，一般在较为平坦的路面使用，所以徒步鞋要具备排汗和透气等功能。一般情况下，按海拔高度来选择登山鞋和徒步鞋。海拔在 2000 米以下一般用低腰鞋；海拔 2000~4500 米选择中腰鞋；海拔 4500 米以上，需要穿着高腰登山鞋。

（八）轻便运动鞋

轻便运动鞋适合于一般性户外运动，主要有以下几种。

（1）篮球鞋。篮球鞋也是一种休闲运动鞋，篮球鞋的特点是鞋底比较厚且柔软，在起跳过程中可以起到缓冲的作用，达到保护运动者骨骼的目的。

（2）网球鞋。网球运动鞋的特点是抓地、防滑能力性强，透气性好，夏季也不会产生臭脚。

（3）旅游鞋。旅游鞋是人们在日常生活中穿着率最高的鞋。它鞋底平坦，可塑性大，富有弹性。适合一般休闲活动、旅游、走路、跑步等活动。

（4）运动凉鞋。运动凉鞋适合于夏季户外穿着。它具有柔软舒适、富有弹性、穿着方便、脱水快等特点，但不适合在恶劣环境下穿着。

（九）排汗袜

纯棉袜的质地是天然纤维，因纯棉吸汗能力

强，干得很慢，所以不适合户外活动穿着。

现在市面上有一种竹纤维袜，是以天然竹子为原料提取竹纤维精纺而成。它具有排汗、透气、抗菌、抑菌、防霉、除螨等功效，且具有很好的吸湿和除臭效果，深受户外运动者的喜爱。

（十）户外帽子

（1）遮阳帽。在阳光下运动用于遮挡日晒的装备。款式有多种，有圆边形的、棒球帽形的以及带有遮阳裙的多功能遮阳帽。

遮阳帽主要作用是遮挡紫外线，有些遮阳帽不一定有防紫外线的功能，选择时应慎重。带有遮阳裙的帽子通常裙边是灵活设计的，裙边可以拿掉，也可以把裙边的两角固定在帽舌上，组成不同的遮阳效果，以保护脸部和颈部不受紫外线伤害。

（2）抓绒帽。抓绒帽质地柔软细腻，保暖性好，精细扎实，戴上去不会有紧箍感。它重量轻，体积小，没有帽檐遮挡视野，运动后能将多余的热气排出，保持头部干爽，主要用于冬季户外活动。如爬山、户外徒步、冬季晨练、探险、冬季作业等。

（3）头盔。登山攀岩头盔能有效防止落石以及登山攀岩不慎滑落而造成的头部伤害。选择头盔一定要在实体店选购，必须大小适宜才能起到保护作用。头盔有以下三种。

①硬壳头盔：采用高强度 ABS 塑料或者纤维高强度聚合物做成。其特点是结实耐用，抗冲击。缺点是头盔较重，不便携带。

②泡沫头盔：适合于户外骑行使用，是 EPS 泡沫材料，在受到外力撞击时能有效保护头部，且质量轻，便于携带。缺点是不耐用，

一旦破裂即不能再用。

③混合型头盔：外壳是一层硬质 ABS 材料，内部填充材料为泡沫塑料，这种头盔融合了前两种头盔的特点，兼顾耐用性、便携性、舒适性。

（十一）户外头巾

户外活动携带一条头巾有很大用处，冬季可做围脖实用，防风御寒，夏季可防晒、防蚊虫，防沙防尘。

二、防护救助类

（一）手套

手套的用途主要是防止户外活动时，手被划伤、磨烂、冻伤等。手套要求透气性好、柔软、耐磨、抗撕裂性强。夏季户外活动适合较薄的线手套或混纺耐磨的专用手套。

棉手套一般用于冬季户外活动，手套应选择 GORE-TEX 防水透气材料。该材料具有抗撕裂、防水、透湿的功能，套内的抓绒面料具有非常好的柔软性、透气性和保暖性。进行穿越、攀岩时，应选择防滑耐磨的胶粒革的材料或者真皮材料，可增加摩擦力和附着力。

骑行手套的特殊作用在于可以最大限度地缓解对腕关节的压迫。腕关节长时间处于压迫状态，会导致手部僵硬，控制刹车较为迟钝。所以需要注意保暖，但厚重的手套不利于手部的活动，除非是在十分寒冷的地区骑行。

（二）眼镜

户外活动最好佩戴眼镜，以防止强光刺眼带来眼部不适。户外眼镜通常有三种，即太阳镜、雪镜和防风镜。

（1）太阳镜。户外活动的太阳镜镜片有多重颜色，不同的颜色有不同的用途，比如，黄色镜片吸收蓝光效果最强，可增强对比度，使自然界景物视像清晰，适合在多雾、黄昏、夜晚或雾气、雨天等环境佩戴，故又称为夜视镜。灰色镜片对任何色谱都能均衡吸收，有效降低光线强度，能清楚地展现真实自然感觉，适合各项运动佩戴。茶色镜片能滤除大量蓝光，改善视觉对比度和清晰度，能看到物体细微部分，在雾霾或多雾情况下佩戴效果较好，适合驾驶时佩戴。绿色镜片能减少可见光入眼程度，最大限度地

增加眼睛的绿色光，能让白色球在视野中更加分明，适合高尔夫球选手使用。蓝灰镜片与灰色镜片相似，能有效过滤海水及天空反射的浅蓝色，适合在海边或水上运动时佩戴。橘色镜片与黄色镜片功能相同，但橘色镜片对比效果更强，适合在阳光不强时户外佩戴，是骑行选手佩戴首选。

（2）雪镜。在白雪皑皑、银装素裹的环境下，阳光的反射光十分强烈，对眼睛的刺激性很大，所以在雪地上长时间活动必须戴一副雪镜，否则容易造成雪盲等病症。

雪镜外观类似潜水镜，镜框由软塑料制成，质地柔软，可扭曲变形，能紧贴面部，防风性好。镜面镀有防雾、防紫外线涂层材料。外框有海绵制成的透气孔，便于面部热气排出，确保镜面的可视效果。

（3）防风镜。在沙漠、戈壁从事户外活动时，常常会遇到大风或者沙尘暴天气，配备防风镜很有必要。防风镜一般是无色有机镜片，镜片外面有防紫外线镀膜，是全封闭型，样式和雪镜相似，主要功能是防风。

（三）户外刀具

户外活动配置一个多功能刀具，可为户外生活带来很多方便。现在大都喜欢瑞士小军刀，不过以我们的经验还是配置一个带有榔头、斧头、刀子、锯子、改锥等功能的组合刀具，野外用途更为实用。

（四）户外手表

现在的户外手表功能较多，不仅为我们提供精准的时间，还有罗盘定向，测定气压、温度、海拔等功能，功能更全的还有电波校时、天气预报、心率测量等功能。

（五）急救包

野外作业、户外活动风险时有发生，许多朋友依仗自己身体素质好而往往忽视了急救包的准备，这是很不正确的。俗话说"人有旦夕祸福"，身在户外，磕磕碰碰、身体擦伤、感冒发烧等不可避免，准备一些常用药品十分必要。

1.车载急救包

车载急救包应备药品包括晕车药，感冒药，抗过敏药，消炎药，外伤用药，防毒蛇、蚊虫叮咬药，中暑药，解热镇痛药，高原反应药，速效救心药，降压药，胰岛素，肾上腺素等（根据自身实际情况准备）。

2.背包急救包

徒步、穿越、骑行等活动中，应在背包内配备一个小急救包，以应对突发伤害事件。一般应备有打火机、多用小刀、细尼龙绳、指南针以及强光手电等工具，再配一些必要的应急药品，如"好得快"、止血绷带、创可贴、眼药水、防晒霜、红花油等。

（六）记事本

户外活动自然感触颇多，把这些及时记录下来，是一件很有意义的事情。当然，现在年轻人大多记录在手机的备忘录上也更为便捷。

三、背包收纳类

（一）背包

野外工作或户外旅行背包是必不可少的行李，特别是双肩背包更受大家的喜爱，因为它装载量大，背着省力，且能腾出双手。双肩背包有三种型号，小号背包容量

在 40 升以下、中号的在 40~60 升，大号的在 60 升以上。外出旅行一定要选好大小适宜的背包，一般情况下背重不得超过自身体重的二分之一。

女性朋友一般适合 40 升以下的背包，男士适合背 50 升左右的背包。

户外活动随身携带的小物品很多，如手机、钱夹、组合刀具、太阳镜、小电筒、打火机、香烟等，所以随身腰包或挎包也是不可或缺的。

（二）背包扎带和雨罩

在户外运动中，背包扎带主要解决在背包上捆扎防潮垫、帐篷等物品，必要时可作腰带使用。扎带一般宽度为 2.5 厘米，长度为 110 厘米。扎带是防撕裂尼龙制品，密度高，捆扎效果好，在低温等各种环境下不伸缩变形。

一般户外背包都会配置防雨罩，用来

防雨、防水、防潮、防尘等，如果遇到雨天，可将防雨罩套在背包外，以免背包内置物品淋湿受潮。

（三）洗漱包

洗漱包是携带洗漱用品的，如牙刷、牙膏、头梳、毛巾、肥皂、润肤膏、爽足粉等，这些小物品比较不易携带，用洗漱包将他们集中存放，可便于携带。

（四）望远镜

无限风光在险峰，但是有很多地方我们常常无法涉足，只能极目远眺。这时候如果有一个望远镜在手上，无限风光就能尽收眼底。一般携带放大倍数为8倍的小型望远镜，即可满足户外活动观赏风景、找寻目标等要求。

（五）登山杖

登山杖以支撑为主要功能，杆体为金属合金，长度可自由伸缩。把手为硬质橡胶，内设减震弹簧，底部为金属锥，起防滑作用。在户外途中除了起人体支撑作用外，登山杖还可对较重的行囊起支撑作用，以缓解人体压力，达到间歇目的。同时，登山杖还有很多用途，比如披荆斩棘、驱赶野兽、探测水深和积雪厚度等。对摄影爱好者来说，还可以作为照相机的独角架使用。

（六）针线包

东西虽小，但不可或缺，户外活动爬高过坎、钻进密林是常有的事，可是一不小心衣裤就会划破，带上一个不占位置的针线包，以应不测，避免尴尬。多人一起旅行，一人携带即可。

（七）小快挂

在登山背包上有许多小布环，这些布环就是为小挂件准备的。小挂件很有用处，主要是挂一些我们途中常用的小物品，如相机、水瓶、登山杖、鞋等。

四、宿营用品类

（一）户外帐篷

帐篷是户外宿营必备的装备。一般户外活动大都选择小型帐篷，如果人数较多，运输方便，也可选择军用帐篷。

（二）睡袋

睡袋实际上就是一床桶状的被褥，是户外宿营必配的装备。它保温性能好、热量失散少，体积可压缩，分量很轻，携带方便。

选择睡袋重要的指标就是防寒保温。目前，睡袋填充物主要有鹅绒、鸭绒和化纤棉三种，此外还有抓绒睡袋。一般来讲，高寒地区或冬季宿营应选择羽绒睡袋，低海拔或春秋季选择化纤棉睡袋即可，而夏季选择抓绒睡袋即可。

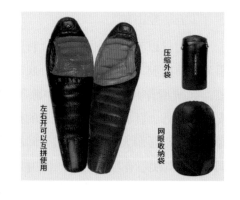

需要提醒的是，野外环境温度多变，选择睡袋应根据所到地区的情况确定，并考虑最低极限温度，以防气温复杂多变。

（三）防潮垫

活动野外宿营最好配备防潮垫，以防湿气浸入体内造成身体不适。

防潮垫有很多种类，如防潮垫、充气垫、地席等。

地席是一块防磨布，铺在帐篷下面起防潮、防水作用，同时在户外还能当作帐篷的外帐，起到防晒、隔热作用。

防潮垫厚度一般在 2 厘米左右，材料比较柔软且富有弹性，铺在帐篷内除了最基本的防潮作用，还可大大提高舒适性，即使在凹凸不平的碎石地面上休息也会很舒适。

（四）充气枕

充气枕是一种可以自动充气的橡胶枕头，不用时打开气嘴，放掉气体，卷起来放气，体积变小，方便时携带一个，有利于睡眠。

（五）营灯

营灯，俗称帐篷灯，为营地提供照明，指示位置，也可警示"不请自来"的动物等，一般在团队聚集地使用。

营灯的材料一般为树脂或冲压钢，光源为冷光型节能灯，省电耐用，有太阳能营灯、可充电营灯、装电池营灯等类型。

五、炊具类

（一）户外炊具

主要由炉头、燃料、套锅等组成。

（1）炉头。野炊炉具类型较多，如汽油炉、煤油炉、酒精炉、瓦斯气炉等。目前，瓦斯气炉因重量轻、易点燃、火力猛、无污染等优点，深受户外旅行者的喜爱。如果野外宿营时间较长，人员较多，还是选择液化气炉或油炉适宜。

（2）燃料。一般为丙烷和丁烷，是瓦斯的一种。相对于酒精、汽油来讲安全性、稳定性较好，且便于携带。

使用瓦斯气罐应注意以下几点。

①避免长时间在阳光下暴晒，以防爆炸。

②用完的空罐不得随意丢弃。

③装箱运输，避免气罐互相碰撞挤压。

④不要迎风使用，避免炉火被风吹灭。

（3）套锅。顾名思义由大小不一的多个锅套合组成，是野外炊事的理想选择，主要由氧化铝和钛合金材料制成。钛合金锅的价格较高，铝锅相对便宜，一般有 2~4 人、4~6 人等使用的规格。

（二）户外水具

（1）户外水壶。户外活动体力消耗大，人体汗流浃背是常态，必须补充大量水分，否则会发生脱水现象。因此水壶是必备的装备。选择户外水具时，应考虑坚固耐用、保温性好、便于携带等要素。

（2）水袋。水袋是从事单骑、长距离徒步、探险等活动的专用工具，一般由乳胶或聚乙烯制成，它无毒、无味、透明、柔软，携带使用更为方便。

（3）净水用品。野外作业、徒步穿越、登山探险等往往需要就地取水，当我们对水质并不了解时，最好对水进行一次净化。便携式净化器可将雨水、雪水、溪水、河水、湖水等进行净化，形成无菌、无悬浮、无污

染的可用水。此外，用净水药片来净化野外用水也是常用方法。它是以化学原理来净化水的，药片中含有"氯"和"碘"化学成分，多数是瑞士生产的。使用时应严格按照说明操作，以防用量过度。实际上，民间用明矾净化水也是常用方法，只不过净化时间相对较长而已。

（三）户外火种

户外活动会进行野炊，选择安全的火种是必须的。火种的类型也较多，通常有以下几种：一是防风打火机，靠压缩气体喷射火焰，防风能力很强。在高海拔区域可使用高原专用打火机。二是防水火柴，具有防水、防潮、防风、耐压、耐用、安全可靠、容易储藏等特点。三是金属火柴，金属火柴没有火焰，适用于点燃瓦斯炉。

第四节　通信定位设备准备

一、手机

手机已成为我们了解世界的主要窗口，也是我们通信导航、休闲娱乐的主要工具，给我们的生活带来了极大地便利和乐趣。但要提醒的是，有些地方，如深山老

林、沙漠戈壁等人烟稀少的地区可能没有信号，手机无法使用。所以在这些区域开展的户外活动，只有手机是不够的，还应配备卫星电话、对讲机等其他通信工具。

二、对讲机

对讲机是一种应用十分普遍的移动通信工具，无需要任何网络支持即可通话，且不产生通信资费，可供多人同时使用，适合群体频繁通话，是野外作业、探险、自驾旅行等群体活动中广泛使用的通信工具。在户外活动中当有人发生意外险情，可以通过对讲机及时呼救，从而得到及时救助。

目前常用的对讲机有两种类型，一种是数字信号对讲机，另一种是靠移动基站提供支持的 IP 对讲机，只能在一定网络覆盖范围使用。

三、定位导航仪

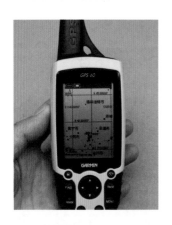

目前市面上主流的定位导航仪有中国北斗卫星导航系统和GPS（全球定位系统），可广泛应用于军事、民用领域。对户外活动而言，单点定位精度在 10~20 米即可。

定位导航仪，集通信、导航、存储、相机等功能于一身，可为我们实时提供地理位置信息，是野外工作和户外活动必不可少的重要工具。

四、充电设备

如果户外活动时间较长，最好携带一个充电设备，供移动电脑、相机、手机、对讲机、充电宝等充电使用。目前，户外大多配备的是逆变器（150 瓦），

逆变器借助汽车电瓶（12 伏特或 24 伏特），转换成 220 伏特交流电，供各种电器使用。

五、地图

外出长距离活动最好携带地图，可以随时规划出行路线，及时掌握所处位置，通过地图可以了解所在区域的自然和人文地理状况，如交通路网、山川河流、地形地貌、名胜古迹等信息。

六、指北针

指北针款式多样，但质量差异很大，去野外探险，建议还是使用专用指北针为好。如野外工作者广泛使用的 65 式指北针，具有测定方位、距离、坡度、高度以及地图比例尺测距等多种功能。指北针与地图配合使用作用最大，出发前应充分掌握指北针的使用方法。

第五节　特种装备准备

一、户外头灯

头灯，过去多被用于矿工在井下作业，现在户外活动也常使用。在户外夜行期间，戴上一顶头灯，可以腾出双手，步履稳健地行进。野外宿营期间，也可将头灯用作夜间读书学习或工作的照明工具。

选择头灯时应考虑四个因素：一是防水性要好，以免遇水发生短路；二是要结实耐用，户外活动难免磕碰；三是抗寒性要好，在低温情况下不至于脆裂；四是光源选择 LED 或氙气灯泡，传统的手电灯泡寿命短。

二、户外手电

手电筒是户外常用照明工具。选择时一定要选择稳定性好、故障率低、防水性强的产品，而且要轻巧耐用、电池可充、光可调节。总之，一定要保证质量，因为户外期间手电的使用频率是很高的。

三、登山绳

登山绳是从事登山、攀岩等运动使用的装备，主要用于上升、下降和保护人身安全，与之相关的配套工具如铁锁、安全带、上升器、下降器等专业用品，都要与之发生关联才起作用。

四、铁锁

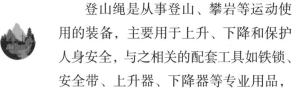

铁锁是各种器材连接的节点，名为主锁。铁锁要求至少能承受 1500 千克以上的冲击拉力，才能避免攀岩时因不慎突发坠落而带来的安全隐患。

五、上升器和下降器

在攀登陡峭山体时，一个负责攀升，一个负责下降。主要作用是节省力气，提高安全性。初次使用时，要在专业人员指导下进行，因为攀岩毕竟是一项高风险运动，使用不当，就可能发生

意外。

六、安全带

户外安全带过去多数被用于高空作业，现在已经广泛适用于登山、攀岩、拓展训练等。安全带有多种类型，比如，胸式安全带、全身式安全带、坐式安全带等。登山运动一般使用坐式安全带。

七、岩石锥

岩石锥是登山和攀岩时常用的保护器材，主要作用是嵌入岩石缝中，用于悬挂绳索，起保护作用。对登山和攀岩两种岩锥的要求是不同的，登山岩锥需承受一定的拉力，攀岩岩锥需承受坠落带来的冲击力。对于材料强度要求更高。

八、岩石钉

岩石钉主要适用于悬挂绳索。安装方法是先用手钻在岩体上打洞，再将岩石钉放入洞中，然后拧紧螺栓即可。

九、雪地用具

（一）冰镐

冰镐是攀登雪山的必要工具，在冰雪覆盖的山体上行走攀爬，必须借助冰镐保持身体平衡，才能为自己"铺路搭桥"。行走更为安全，才能伸展自己的肢体，向更高的目

标登攀。

（二）冰爪

冰爪是捆扎在高山靴上的防滑器材。在
通过冰雪地形时，冰爪尖齿扎入冰层，起到
防滑和攀爬作用。

（三）雪套

雪套也称沙套、脚套。多数用于雪地、沙地
徒步，是冬季活动或沙漠中行走的专用装备。

雪套的用途很多，如雪天防止雪灌入鞋中，
雨天防裤腿被雨淋湿，沙漠中行走防止沙石灌入
鞋中，还可防蛇咬等。

第六节 特殊环境准备

野外工作者或挑战极限运动的爱好者，经常会涉足一些人迹罕至的
特殊环境，如高寒缺氧的雪域高原、一望无际的荒漠戈壁、直入云霄的
陡岩绝壁、布满尘泥的沼泽湿地等。在这些特殊环境下作业或运动，对
人的生理、心理、耐受力等都是严峻的考验，需要把准备工作做得更细
致、更详尽、更充分，才能确保我们的人身安全。那么，在物资准备上
除了日常必需品之外，还应配备哪些特殊装备呢？下面是常年从事野外
工作的朋友，结合自身经历总结出的物资准备清单，供大家参考。

一、山地物资准备清单

	序　号	名　称	说　明
必备物品	1	登山鞋	分高腰、中腰、低腰三种 一般选择高腰，防水
	2	登山杖	辅助登山
	3	防水强光手电	照明防护
	4	登山绳	攀登保障
	5	头　灯	夜间行走照明
	6	保温壶	保障饮水
	7	手　套	攀登防护
	8	药　品	防蚊虫、防蛇类，日常必备药品
	9	帐　篷	露宿
	10	睡　袋	露宿
	11	防潮垫	露宿
	12	压胶衣	防风保暖、驱虫防蚊
	13	压胶裤	防风保暖、驱虫防蚊
	14	背　囊	集中整备，便于行走
	15	渔夫帽	防风保暖、驱虫防蚊
可选物品	1	防晒霜	护肤
	2	眼　镜	防强光
	3	雨　伞	防雨
	4	雨　衣	防雨
	5	罗　盘	定向
	6	地　图	定位、规划路线
	7	卫星电话	卫星电话不受3G/4G 网络 限制，可保障通信

二、涉水物资准备清单

	序 号	名 称	说 明
必备物品	1	登山鞋	分高腰、中腰、低腰三种，一般选择高腰，防水
	2	登山杖	辅助登山
	3	防水强光手电	照明防护
	4	登山绳	渡河涉水保障
	5	头 灯	夜间行走照明
	6	保温壶	保障饮水
	7	手 套	渡河涉水防护
	8	药 品	日常必备药品
	9	帐 篷	露宿
	10	睡 袋	露宿
	11	防潮垫	露宿
	12	压胶衣	防风保暖
	13	压胶裤	防风保暖
	14	背 囊	集中整备，便于行走
	15	渔夫帽	防风保暖
	16	雨鞋／雨裤	渡河涉水保障
	17	救生衣	渡河涉水保障
可选物品	1	防晒霜	护肤
	2	罗 盘	定向
	3	地 图	定位、规划路线
	4	卫星电话	卫星电话不受3G/4G网络限制，可保障通信

三、雪域高原物资准备清单

	序 号	名 称	说 明
必备物品	1	登山鞋	分高腰、中腰、低腰可供选择
	2	登山杖	辅助登山
	3	防水强光手电	照明防护
	4	登山绳	攀登保障
	5	头 灯	夜间行走照明
	6	保温壶	保障饮水
	7	手 套	攀登防护
	8	药 品	日常必备药品
	9	帐 篷	露宿
	10	睡袋（加厚）	露宿
	11	防潮垫	露宿
	12	压胶衣（内羽绒服 / 抓绒衣）	防风保暖
	13	压胶裤（内羽绒裤 / 抓绒裤）	防风保暖
	14	背 囊	集中整备，便于行走
	15	棉头套	防风保暖
	16	防晒霜	护肤
	17	雪 镜	预防雪盲
	18	卫星电话	西藏地区，手机信号较弱，卫星电话不受 3G/4G 网络限制，可保障通信
可选物品	1	罗 盘	定向
	2	地 图	定位、规划路线
	3	户外炉气灶具	困难地区
	4	氧气袋	提供氧气

四、荒漠戈壁物资准备清单

	序　号	名　　称	说　　明
必备 物品	1	登山鞋	分高腰、中腰、低腰三种， 一般选择高腰，防水
	2	登山杖	辅助行走
	3	防水强光手电	照明防护
	4	登山绳	防护保障
	5	头　灯	夜间行走照明
	6	保温壶	保障饮水
	7	手　套	防护保障
	8	药　品	日常必备药品
	9	帐　篷	露宿
	10	睡　袋	露宿
	11	防潮垫	露宿
	12	压胶衣	防风保暖
	13	压胶裤	防风保暖
	14	背　囊	集中整备，便于行走
	15	渔夫帽	防风保暖
	16	风　镜	防风防沙
	17	防晒霜	护肤
	19	罗　盘	定向
可选 物品	1	卫星电话	卫星电话不受 3G/4G 网络 限制，可保障通信
	2	红　布	紧急情况下，导航搜救
	3	户外炉气灶具	提供热量、能量，避免失温

五、森林草地物资准备清单

	序　号	名　称	说　明
必备物品	1	登山鞋	分高腰、中腰、低腰三种，一般选择高腰，防水
	2	登山杖	辅助行走
	3	防水强光手电	照明防护
	4	登山绳	攀登保障
	5	头　灯	夜间行走照明
	6	保温壶	保障饮水
	7	手　套	攀登防护
	8	药　品	防蚊虫、防蛇类，日常必备药品
	9	帐　篷	露宿
	10	睡　袋	露宿
	11	防潮垫	露宿
	12	压胶衣	防风保暖、驱虫防蚊
	13	压胶裤	防风保暖、驱虫防蚊
	14	背　囊	集中整备，便于行走
	15	渔夫帽	防风保暖、驱虫防蚊
	16	紧袖衣、裤（透气）	如云南地区
	17	速干衣、裤	如云南地区
可选物品	1	防晒霜	护肤
	2	眼　镜	防强光
	3	雨　伞	防雨
	4	雨　衣	防雨
	5	罗　盘	定向
	6	地　图	定位、规划路线
	7	卫星电话	卫星电话不受3G/4G网络限制，可保障通信

六、沼泽湿地物资准备清单

	序 号	名 称	说 明
必备物品	1	登山鞋	分高腰、中腰、低腰三种，一般选择高腰，防水
	2	登山杖	辅助行走
	3	防水强光手电	照明防护
	4	登山绳	防护保障
	5	保温壶	保障饮水
	6	手 套	攀登防护
	7	药 品	日常必备药品
	8	帐 篷	露宿
	9	睡 袋	露宿
	10	防潮垫	露宿
	11	压胶衣	防风保暖
	12	压胶裤	防风保暖
	13	背 囊	集中整备，便于行走
	14	罗 盘	定向
	15	地 图	定位、规划路线
可选物品	1	防晒霜	护肤
	2	眼 镜	防强光
	3	卫星电话	卫星电话不受 3G/4G 网络限制，可保障通信
	4	红 布	具有警示作用
	5	头 灯	夜间行走照明
	6	户外炉气灶具	定位、规划路线

七、野外驻地工作场所一般配备设施及装备

序　号	装备名称	基本要求
1	会议桌	便于拆装和搬运，结实、耐用、经济、环保
2	办公桌	便于拆装和搬运，结实、耐用、经济、环保
3	资料柜（箱）	便于拆装和搬运，结实、耐用、经济、环保
4	存图桶（箱）	防潮、防水，便于携带，结实、耐用、经济、环保
5	凳子（或椅子）	便于携带，结实、耐用、经济、环保
6	电脑	配置要满足工作需要，台式或便携式
7	照相机	数码，像素大于等于1000万，防水、防尘
8	望远镜	防水、防尘、防震
9	钢卷尺	长度：3米或5米，耐用
10	皮卷尺（或测绳）	长度：50米或100米，耐用
11	电热水壶	加热，不锈钢（304食品用级）质地，大于等于1.5升，防漏电，耐用
12	热水瓶	保温，5磅（约2.27升）或8磅（约3.63升），耐用
13	台灯	照明，护眼、耐用
14	手电筒	照亮，强光、耐用
15	应急灯	充电时间短，照明时间长，护眼、耐用
16	电源插座	承载功率大，阻燃性好，防漏电，防着火，经久耐用
17	发电机	功率大，油耗少，噪声低，便于携带，耐用、经济、环保
18	单人床	便于拆装和搬运，结实、耐用、经济、环保。单层床：床长应不小于1.8米，床宽应不小于0.9米，床面距地面高度应不小于0.45米。双层床：床长应不小于1.8米，床宽应不小于0.9米，床面距地面高度应不小于0.45米；上、下层之间距离应不小于1米
19	储衣柜或收纳箱	便于拆卸和搬运，结实、耐用、经济、环保
20	炊具	包括电饭锅、微波炉、高压锅、平底锅等。铁、铝质、防漏电，便于携带，耐用、经济、环保

续表

序　号	装备名称	基本要求
21	餐具	包括各种容器类工具（如碗、碟、杯、壶等）和手持用具（如筷、刀、叉、勺等）及其他多功能的用具。便于携带，耐用、经济、环保
22	消毒柜	消毒，能耗低，便于携带，耐用、经济、环保
23	冰箱	冷藏、冷冻，能耗低，便于携带，耐用、经济、环保
24	冰柜	冷冻，能耗低，便于携带，耐用、经济、环保
25	水质监测设备	水质监测质量符合国家生活饮用水卫生标准，便于携带，耐用、环保
26	净水设备	产水符合国家生活饮用水卫生标准，便于携带，耐用、环保
27	储水容器	密闭，安全，卫生，便于携带，耐用
28	灭火器	防爆，灭火质量符合国家消防灭火技术标准，便于携带
29	餐桌	便于拆装和搬运，结实、耐用、经济、环保
30	餐凳（或餐椅）	便于携带，结实、耐用、经济、环保
31	汽车	越野性能好，安全系数高，能耗低，卫星定位，结实、耐用、环保。配备防滑链、牵引绳等应急装备。特殊地区应配备卫星电话
32	摩托车	越野性能好，安全系数高，能耗低，卫星定位，耐用、环保
33	自行车	轻便、结实、耐用、经济
34	电台	通信信号好
35	卫星电话	通信信号好，待机时间长，辐射小
36	对讲机	手持式，无线，能在行进中进行通信联系，功率一般VHF 频段不超过 5 瓦、UHF 频段不超过 4 瓦。通信距离在无障碍物遮挡的开阔地带时一般可达到 5 千米。通信信号好，待机时间长，辐射小

续表

序 号	装备名称	基本要求
37	卫星定位仪	手持式，精度大于等于 5 米
38	常用医疗器械	包括听诊器、体温计、血压仪、血糖仪、简易理疗仪等。精度高，便于携带
39	电视机和机顶盒	纯平，彩色，数字，智能，USB 插口，便于携带，能耗低，经济、环保
40	电子书阅读器	便于携带，容量大，专业、经济、实用
41	棋牌、球类	包括围棋、象棋、军棋、扑克、羽毛球等，经济、实用、环保
42	网络设备（有线网络或无线网络）	信号好，安全性好，网速快，经济、耐用
43	救生绳	精制麻绳，直径为 6~14 毫米，长度为 15~30 米，结实、耐用
44	救生网	材质强度高，携带方便，操作简单，结实、耐用
45	防暑降温或防寒保暖设备	单冷空调或冷暖两用空调，挂壁式或立柜式，功率与房间面积相适应，能耗低，环保
46	制氧设备	输出氧气浓度应大于 90%，噪音水平应小于 45 分贝，制氧能力强，具备累计计时功能，安全，便于携带
47	储氧设备	密闭、安全，便于携带
48	工作用品	包括野外记录本（簿）、采样登记表、取样袋、油漆以及铅笔、量角器、三角板、直尺、橡皮、铅笔刀、圆珠笔、墨水笔、记号笔、文具盒、打印纸等。经济、实用、环保
49	保洁用品	包括洗涤液、消毒液、食品保鲜袋（膜）、垃圾桶（袋）、抹布、笤帚、拖把、灭蝇拍、灭蚊灯等。经济、实用、环保

第二章　旅途行进指南

第一节　出行方式选择

一、徒步行进

徒步是眼睛和心灵的旅行，是一项全身心的运动，被认为是最亲近大自然的一种活动。徒步旅行发源于 19 世纪 60 年代在尼泊尔的远足旅行，现在已成为世界性的时尚健康运动。它简单易行，适合于各年龄层次、不同体质的人，被称为"人类最好的医药"之一。

徒步旅行越来越受到年轻人的青睐。它不仅锻炼人的体魄与耐力，陶冶人的心灵和性情，促进人际交流，同时能够激发人们热爱自然、热爱生活的情感，使久居都市的疲惫心灵得到放松。

短距离徒步相对简单，不需要太讲究技巧和装备，如果是中长距离徒步，就应当具备较好的户外知识技巧及装备。

徒步穿越具有求知性、探索性、不可预见性等特点，穿越者必须掌握相关野外生存知识与技能，以应对千变万化的野外情况。

（一）徒步行走注意事项

1.团队协作

集体（三人以上）行进需要团队合作，尤其在恶劣艰苦的环境中，团结就是力量，也是最好的安全保障。

①确定一个队长，并赋予他相应的权力，做到行动

听指挥，这一点很重要。

②明确分工，如开路、断后、生火、扎营等，做到各负其责、各司其职。

③人数较多时要注意行进队形，队伍过长容易导致队友走失或有人出现意外而不能及时发现。

④所有装备和给养应根据每个人体力和性别做合理分配，使队伍行进速度保持一致。

⑤如有人遇到严重的伤病，整个穿越计划必须进行相应调整，全体放弃或部分人带伤员撤退。

2. 控制体力分配

一般而言，在上坡时每半小时休息 5~10 分钟，下坡时每 1 小时休息 10~15 分钟。休息期间，可以自己或者同行队员之间相互按摩腿部，尤其是小腿、肩部、颈部等部位的肌肉，同时活动四肢。

①全程尽量保持匀速，掌握节奏，按计划休整和进食。

②根据大家途中的体力情况及时调整计划，必要时宁可延长穿越时间。避免不必要的体力透支，为不可预见的意外情况留有余地。

3. 方向问题

出行前要搜集活动地区的地图和相关资料，对将要出现的较大转向要做到心中有数，对明显的标志物在图上做到初步了解。

①携带指北针和海拔表。

②携带并保护好地图和资料。

③带信号笔和扑克牌，以备迷路时为路标作记号使用。

④如对穿越地区所知资料甚少、条件又较复杂时，最好请走过的人同行或找当地向导带路。

4. 防水问题

在雨季或多雨地区，特别是长时间、长距离徒步，如果防水准备不充分，就会出现尴尬局面。比如，无干燥衣物可换，相机、电池、食物等物品被雨水浸湿。因此，出行前一定要了解活动地区的天气情况，并做好相应准备。

①帐篷应选用三季或四季帐。

②使用背包罩或塑料布遮盖背包。

③背包内的物品最好用塑料袋或密封袋封装，这样既能使物品防水又分类明确。

④最好携带防水冲锋衣裤，雨具也要准备。

⑤最好穿着防水登山鞋。

5. 饮水问题

短途穿越时，每人每天大约需要 2 升水。长途穿越，可在途中随时补充饮水，确保途中饮水安全。

①缺水地区饮水要按计划分配饮用，途中绝不能将水一饮而尽。

②野外取水后，如有条件最好将生水煮沸后 5 分钟再饮用。

③携带净水药片或过滤器，以确保饮水安全。

④如在缺水地区长时间活动，应学习其他野外采水方法。

6. 营养补充

野外徒步穿越，体力消耗过大，排汗多，人体容易出现盐分缺失、电解质失调、营养不足等现象，必须及时补充营养。

①携带牛肉干、巧克力等高热量和营养食品以备不时之需。

②携带维生素合成药片，每日一粒。

③每天要补充盐分，吃些含盐食品，如榨菜等。

④果珍冲剂是不错的电解质平衡饮料，平时在水壶中放一些随时补充。

7. 保暖问题

户外昼夜温差大，高海拔地区海拔每升高 1 千米，气温会下降 6 摄氏度。因此，野外活动注意保暖是必须的，特别是在大量出汗后和睡觉前，更要注意保暖。

①出发前了解活动区域的温差情况，携带与之匹配的保暖衣物和睡袋。

②当衣物被雨水或汗水浸湿后，要尽快换上干燥内衣。

③高寒地区活动需要更专业的装备和知识。

8.其他有关问题

①除非万不得已，宁可绕行多走些路，也不要尝试危险的攀爬和下降，特别是独自一人徒步穿越并负重时。若必须这样做，应先卸下背负，空身攀降，然后用绳子提吊装备。

②在途中经过险境时（如独木桥、涉水、崖边等）应记住把背包的胸带和腰带松开，以保证能及时迅速卸载而做到"丢卒保车"。

③不要轻易冒险走夜路，夜路很容易造成迷路和失足。不得已时，要带上头灯，因为使用手电会占用一只手，不利于平衡保护。

④涉水时不要贸然行动，一定要探明水深及流速情况。不要光脚涉水，因为容易滑倒和扎伤。

⑤活动中应注意保护环境。

（二）山地徒步

山地由起伏不定的山丘和沟壑组成，间有小溪、山崖或丛林。路面往往较复杂，可能会出现石板路、泥路、跳石、灌木丛等，需要综合应用各种徒步穿越技巧。

（1）山地行走，上山重心前移，下山重心放在后脚。小步伐，慢慢走，不论在山路上行或下行，

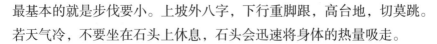

最基本的就是步伐要小。上坡外八字，下行重脚跟，高台地，切莫跳。若天气冷，不要坐在石头上休息，石头会迅速将身体的热量吸走。

（2）平缓路段应遵循大步走的原则，可以尽可能地减少能量的消耗。当走累时，尽量不要停下来，应该放慢脚步来休息，站立一分钟会让你更加疲劳，不想再前行，而慢行的话不仅能放松肌肉，还能每分钟多走几十米。

（3）在山地行进时，为避免迷失方向，节省体力，提高行进速度，应力求有道路不穿林翻山，有大路不走小路。如没有道路，可选择在纵向的山梁、山脊、山腰、河流小溪边缘，以及树高、林稀、空隙大、草丛低的地形上行进。一般不要走纵深大的深沟峡谷和草丛繁茂、藤竹交织的地方，力求走梁不走沟，走纵不走横。

（4）草坡和碎石坡是山地间分布最广泛的一种地形。在海拔3000米以下的山地，除了悬崖峭壁以外，几乎大都是草坡和碎石坡。攀登坡度30度以下的山坡，可沿直线上升。身体稍向前倾，全脚掌着地，两膝弯曲，两脚呈外八字形，迈步不要过大过快。当坡度大于30度时，沿直线攀登比较困难，一般采取"之"字形上升法。通过草坡时，注意不要乱抓草蔓，以免拔断使人摔倒。

（5）在碎石坡上行进，要特别注意脚要踏实，抬脚要轻，以免碎石滚动。在行进中不小心滑倒时，应立即面向山坡，张开两臂，伸直两腿（脚尖翘起），使身体重心尽量上移，以减低滑行速度。这样，就可设法在滑行中寻找攀引和支撑物。千万不要面朝外坐，因为那样不但会滑得更快，而且在较陡的斜坡上还容易翻滚。

（6）雨季时在山地行进，应尽量避开低洼地，如沟谷、河溪，以防山洪和塌方。如遇雷雨，应立即到附近的低洼地或稠密的灌木丛去，不要躲在高大的树下。大树常常引来落地雷，使人遭到雷击。避雷雨时，应把金属物品暂时存放到一个容易找的地方，不要带在身上，也可以寻找地势低的地方卧倒，尽量不要站立。

（7）在山地如遇风雪、浓雾、强风等恶劣天气，应停止行进，躲避在山崖下或山洞里，待天气好转时再走。

（三）攀岩技巧

攀岩运动有"岩壁芭蕾""峭壁上的艺术体操"等美称。户外行走中，会遇到岩石和山壁，所以，掌握一点攀岩和登山的技能是非常必要的。如果遇到岩石，在攀登之前，首先要对岩石进行细致观察，谨慎地识别岩石是否风化、是否结实，能否承受一个人的重量，然后再确定是否攀登，并选择最合适的攀登路线。

攀登岩石最基本的方法是"三点固定"法，即以两手两脚为四点，固定三点移动一点，逐渐使身体的重心向上移动，需要有很强的脚手协调配合能力。攀登时一定要稳，不能猛跳猛窜，切忌两点同时移动，一定要稳、轻、快。要根据自己的身体情况，选择最合适的着力点，不要求大步、大越、大蹬。

攀岩的基本要领：

抓——用手抓住岩石的凸起部分。

抠——用手抠住岩石的棱角、缝隙和边缘。

拉——在抓住前上方牢固支点的前提下，小臂贴于岩壁，抠住石缝隙或其他地形，以手臂和小臂使身体向上或向左右移动。

推——利用侧面、下面的岩体或物体，以手臂的力量使身体移动。

张——将手伸进缝隙里，用手掌或手指曲屈张开，以此抓住岩石的缝隙作为支点，移动身体。

蹬——用前脚掌内侧或脚趾的撑力把身体支撑起来，减轻上肢的负担。

跨——利用自身的柔韧性，避开难点，以寻求有利的支撑点。

挂——用脚尖或脚跟挂住岩石，维持身体平衡，使身体移动。

踏——利用脚前部，踏住较大的支点，减轻上肢的负担，移动身体。

（四）徒步渡河技巧

野外徒步经常会碰到渡河过溪的情况，但涉水过河毕竟很危险，掌握一些涉水过河的必要知识，是安全得到保障的前提。

（1）选择河水不太湍急而且比较浅的地点渡河，最好能看清楚河底的情况。尽量不要赤脚或者穿开放式的沙滩鞋渡河，以免水底的碎石或其他物体伤到脚部。如果河底为烂泥，脱鞋脱袜，以免鞋子陷入泥中丢失。

（2）在水中不可抬高脚部，否则重心会不稳，要拖着脚步慢慢地移动，尽量将身体重心放在两脚上。涉水时要一步一步地侧跨，不可以前跨，以减少水流的冲力。溪中的大石头上往往长满溜滑的青苔，一定要避免踩在大石上。

（3）遇到冬天或者天气寒冷的时候渡河，尽可能脱去身上保暖衣物包括鞋子，待渡过后马上穿上，因为保暖的衣物，一旦浸水会造成严重的失温。

（4）渡河时背包的腰带和胸扣都必须解开，以备在跌到河里又爬不起来时，可以快速放弃背包保命。这一点适合所有的渡河情况，切记。

（5）在涉水渡河途中，万一身体失去平衡，甚至不慎滑倒，而水流又很急时，就很容易导致不幸发生。因此渡河时一定要沉着，千万不可慌乱。要尽力在河中站稳，然后再冷静地想办法爬上岸。

（6）单人渡河时，寻找一根结实的长棍，以肩部为支撑，长棍置于前方，身体前倾靠紧长棍，和双腿形成稳固的三角形，面向水流方向如螃蟹一样横渡过河。渡河时遵循"两点不动一点动"的原则，在另外两点稳固之后，方可移动第三点。同时，注意双腿和长棍形成的支点保持平衡，横渡线路始终保持与水流方向垂直以减小冲击力。切忌后退，不然很容易被水冲倒。

（7）团队渡河时，最好构造一个箭头形编队，面向流水方向，最强壮的人在前面。如果可能再用撑杆加强支撑，两个人在他后面，顺次向后是三个人，并排时不要超过三个人。一般将较弱的队员站在编队的中间位置，接受其他人的支撑，紧紧抓住前方队员的肩带或腰部衣物，由前方队员控制队伍的行进。

（五）高原徒步技巧

徒步高原是每一位"驴友"的梦想，但高海拔徒步与一般徒步不同，有以下几点需要特别注意。

1. 高原反应

高原反应是指人到达一定海拔高度后，因空气稀薄、含氧量少、气压低、空气干燥等产生的自然生理反应。表现为胸闷、气短、头痛、乏力、厌食、呕吐、失眠、微烧等。

有的人会因缺氧而嘴唇和指甲根发紫。高原反应视个体情况不同，有的反应敏感、强烈，有的则较轻，甚至几乎没有。高山病中最要命的当数高山肺水肿和高山脑水肿，这两种高山病发病快，死亡率较高，要给予足够的重视和警惕。如果症状严重，应迅速下撤到低海拔地区。

2. 野生动物攻击

高原地区野生动物较多，除个别猛兽外，多数动物是怕人的。遇到野生动物时，不要惊慌，要保持冷静，正视它的眼睛，万万不能主动发动攻击。不要背对对方，要面向对方慢慢后退，同时不能让它看出你想逃跑，如果它跟进，则你应立即停止后退。尽可能不要上树，上树等于自断退路。

高原棕熊不会主动伤人，除非你捕捉它的幼崽或捡拾它的食物。途中遇到熊时，最好装着若无其事，各行其道，一般它会慢慢离你远去。

狼是最危险的动物。如果不幸与狼遭遇，应尽快回到公路或安全营地，千万不要与狼争雄，狼是最怕火的，可以利用这一点脱险。

狗在高原相当普遍，特别是藏獒，凶猛程度不输于狼。当遇到狗追赶时，马上蹲下，并捡起石头扔过去。实际上你只需要记住"蹲下"即可，不管有没有石头都蹲下，狗马上就会跑开。

3. 注意事项

（1）注意高原反应，因在徒步过程中会负重、运动量大，这更容易引起高原反应。

（2）适当携带饮用水或饮料、食物、衣物等，不宜过多过重，否则会增加徒步过程中的负荷量。

（3）初上高原一定不要剧烈运动，应立刻卧床休息。不要频频洗浴，以免受凉引起感冒。如果高原反应不是很严重的话，建议最好不要吸氧，这样可以更快适应高原环境。

（4）饮食起居有规律，要多吃碳水化合物、易消化的食品，多喝水，使体内保持充分的水分，晚餐不宜过饱。最好不要饮酒和吸烟。要多食水果、蔬菜等富含维生素的食物。

（六）徒步荒漠戈壁

有人说，在戈壁行走，就是与"疲惫生活"的正面交锋。能够在戈壁行走，也是人生中一次难得的体验。

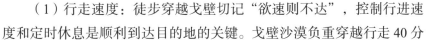

（1）行走速度：徒步穿越戈壁切记"欲速则不达"，控制行进速度和定时休息是顺利到达目的地的关键。戈壁沙漠负重穿越行走40分

钟休息3~5分钟为宜,要严格控制休息时间和行走时间,时速掌握在2.5~3千米。必要时可采取白天适当休息,夜间行走的方法,可有效降低体力消耗。

（2）饮食饮水:在戈壁沙漠,炎热的天气肯定会影响食欲,不要勉强吃东西。高蛋白食物会增加身体的热量,加速体内水分的流失。如果缺水,最好不吃食物或只吃含有水分的食物,如水果蔬菜等。在戈壁沙漠地区,食物极易腐坏,任何食物要争取尽快吃完。千万不可吃变质的食物,以免影响身体健康。

（3）戈壁徒步:在接近中午前后,身体会大量出汗,这个时候一定要定时饮水,每次饮水不要超过100毫升,20~30分钟饮水一次。一般早晨行走1小时后开始饮水,中午用餐用水控制在400~500毫升,在行走时要定时定量饮水,遵循少量多次的原则。在看到下一瓶水以前,一定要保持身上有半瓶水。

（4）能量补充:负重徒步穿越戈壁沙漠,会消耗很多能量,建议在上午9—10时和下午3—4时边走边食用少量高热量路餐,来补充身体能量,不要等到饥饿时再补充。可以多带一些高热量、高营养的食品和功能型、营养型饮料,尽量不带垃圾食品。

（5）防晒保湿:戈壁中在天晴时紫外线很强烈,且气候更加干燥,在做好防晒的同时注意保湿。建议在徒步时,涂抹保湿效果较好的防晒霜,防风帽或头巾、防风眼镜、冲锋衣、速干衣裤等必不可少,尽量不要裸露肌肤。

（6）沙地行走：在沙漠行走时，为了给双腿减轻承重，用双杖辅助行走会起到事半功倍的效果，尤其是上坡，会为双腿分担至少四分之一的承载力。上坡时行走最好选择前面人的脚印走，在平缓的地方行走最好不要跟着前面的脚印走，尽量在偏离十几厘米的没有经过踩踏的地方走。

（7）注意事项：为了防止身体内水分的快速流失，要尽量做到多休息，少用力，勿抽烟。尽量待在阳光直射不到的阴凉处，如果找不到，可以自己做一个遮挡阳光的东西。不要直接躺在燥热的地面上。尽量不要吃东西，或尽量少吃。因为身体在缺水的情况下，会从各个器官组织中吸取水分来消化食物。千万不要喝酒，酒精也必须从身体的各器官中吸取水分才能分解。不要用嘴呼吸，用鼻子呼吸，且不要多说话。

（七）雪地徒步技巧

在雪地行走，你可以体验"一步一个脚印"的奇妙触感，或品味雪地露营时与辽阔大自然亲密接触的快感，或沉浸于各项刺激别样的雪地运动，但必须要掌握雪地徒步的技巧，才能收获快乐刺激的感受。

（1）上坡时行走，最好选择前面人的脚印行走。走路时步幅要小，配合登山杖行走，提高稳定性。下雪坡时以"踢"的方式，上雪坡时以"踏板"的方式。

（2）中午若因太阳直射气温高，可多饮水，防止中暑。防止强风迅速带走热量，导致感冒，在垭口、山顶不能脱下冲锋衣。

（3）尽量少带液态食品，容易冻成冰块。食品不要乱扔，容易招来野兽。

（4）如有条件晚上要用热水加盐泡脚，以消除疲劳。脚掌有水泡时，可用针穿孔引出水，再涂上红药水，防止感染。切记不要将皮撕下，这样既容易感染又会加重脚部的疼痛。

（5）在雪地中可利用雪橇，将装备放在雪橇上，用绳索拖着前进。也可将背包用绳索捆扎成"球"状，在雪地上用绳索拖着走，能节省大量的体力。

（6）增加与雪地的接触面，可用树枝纵横交错编制一个比鞋底大两圈的木排，将其用绑带绑在鞋子上，不但能在雪地中轻松前进，在沼泽中同样适合，它能让你在雪地或淤泥中站得更稳。

（7）若积雪深及腰部，就需要除雪前进。要诀是，将自己的身体倾向前行方向，靠自己的重心和自己的体重推开积雪向前进。

（8）户外扎营时，不要穿着冲锋衣钻进睡袋睡觉，正确的做法是穿尽量少的衣服进睡袋，然后把冲锋衣等外衣盖在睡袋上。

（9）肢体冻伤之后应在温暖的地方让它慢慢缓和复苏，不要摩擦揉搓或直接用热水浸泡。

（八）丛林徒步技巧

丛林穿越虽然是一项对徒步技能要求比较高的户外运动，不过只要掌握了正确的方法，也一样可以玩得精彩愉快。

（1）丛林徒步的原则是：有道路不穿林翻山，有大路不走小路，有小路不走兽道，有兽道不开新路，走高处不走低处。

在人迹罕至的丛林中跋涉，有时很难找到一条现成的道路，只能靠砍刀开辟出一条路来。开路时要留意不要触动灌木丛中的蜂窝，见有巢的灌木丛应绕道而行。行进中人员保持2~3米的距离，最好将裤腿扎起，以免被刺丛挂伤或被蛇虫叮咬。

（2）在丛林中行进，最好穿长袖上衣和长裤，带上丛林帽和手套，以减少蚊虫和树枝的伤害。系鞋带要使用正确的丛林绑扎方法，避免过长的鞋带挂到灌木或树枝上。

（3）进入丛林前要定好方位角，观察好下一个目标点，比如，高大的树木。队伍前端可以准备一面鲜艳的小旗，作为队伍后部的指引，避免队伍后部迷失方向。

（4）整队行进时，尽量采取"一字长蛇"的方式前行。走到三岔路口，应当留人等待后队。可以指定每个队员一个号码，这样当遇到浓雾或者复杂地貌以致视线被阻隔时，可以通过报数来确定每个队员的位置。

（5）过独木桥时，最好借助一根竹竿来调整重心，眼盯桥头方向，不要看脚下。如果队伍携带有绳子，且队员比较多，可以先过去两位队员，将绳子带到对岸，在两岸拉上一根保护绳，其他队员就容易通过了。

（6）栈道两旁往往一边是河谷一边是峡壁，通过时身体重心要放低，面向岩壁侧身移动。天黑不要过栈道或进入谷中，因为可能会被困在断崖。

（7）最好的行走速度的体现是走而不喘。中等负荷运动强度心跳＝（180－年龄）×（60%~70%）。行走时要全脚掌触地，脚步踏稳，匀速前行。

（九）沼泽湿地徒步

沼泽湿地属水草茂密的泥泞地区，在此徒步不仅行进困难，而且危险系数极高。若非必要，建议不要轻易闯入。必须进入时，要掌握以下技巧。

（1）要时刻观察地形地貌，了解并记住沼泽的深度，判断是否有动物在沼泽中潜伏、是否有缠绕的植物以及其他潜在的风险。

（2）采取滑翔式行走，即第二步在第一步稳定之前迈出去，每走一段要做好标记。

（3）如果被困沼泽，千万不要使劲挣扎，想办法增大受力面积。如脱去衣服铺在沼泽上，面积越大越好，然后趴到衣服上，这样下陷速度比较慢，然后呈倾斜状，慢慢抽出双腿。不要惊慌，保持冷静，等待救援是最好的方法。

（4）如有人同行，应躺着不动，等同伴抛一根绳子或伸一根棍子拖拉自己脱险。如果周围没有其他人，应采用仰泳姿势慢慢移动，身旁有树根、草叶时，可借助它们移动身体。

（5）有同伴陷入泥潭，不可贸然向前营救，要做好自救，再去营救。仔细试探路面，确定结实后再一点点地靠拢下陷者。若附近有树或灌木，用绳子一端系在其上，一端抛给下陷者，或系在自己身上，再去营救。

二、骑车行进

骑行是一项深受大众喜欢的有氧运动，低碳、环保、绿色，老少皆宜。越来越多的人将自行车作为健身器材，用来骑行锻炼、出游。

（一）骑行装备

一套完整的装备对于骑行者来说是相当重要的。这些装备以保障人身安全为前提，必要的维修小工具一定要有，避免车坏时无法修理。

1.必选装备

骑行头盔：保护性命，必须佩带。

骑行裤：减少摩擦，因有骑行坐垫，可保障骑行过程比较舒适。

骑行手套：减少伤害，必须佩带。

骑行鞋：按照自行车所配备脚蹬来选择，若不是专用脚蹬则无特别要求。

打气筒：应急工具，及时给自行车充气，保证出行顺利。

骑行照明：夜晚骑行时，前灯照明路况，尾灯警示后行车辆。

2.可选装备

魔术头巾：也可用口罩替代，但口罩功能相对不完备。

骑行眼镜：也可用其他有色眼镜替代，只是相对不专业。

骑行服：一般喜欢骑行的车友均有，就像专用装备一样。

骑行袖套：仅在穿短袖骑行时会使用到。

骑行背包或腰包：满足盛装物品要求即可。

骑行腿套：仅在穿短裤骑行时才会用到。

绑腿：扎裤腿口所用，若穿骑行裤则无须此装备。

组合工具：长途骑行必备，用于修补车胎等。

（二）骑行技巧

1.骑行积水路面

积水路面一个比较大的隐患是水下沉积的泥沙、树枝杂物等可能会伤害自行车变速系统或其他零部件。如果积水漫过路面且水流较急、较深，应在确定安全的前提下扛车通过，必要时用绳索绑住树干，牵绳通过。如果遇到山洪暴发、河水上涨，千万不要贸然蹚水过河，最好先找当地人了解情况。

2.骑行铺装路面

铺设有水泥或柏油的普通公路上，要特别注意路边的细小铁丝、碎玻璃渣等，这些很容易扎穿车胎。在特别炎热的季节，柏油路面上的沥青会被高温熔化，这时候要避免出行，以免橡胶材质的自行车轮胎被沥青黏住。

3.骑行滑坡路段

骑行的山路或公路一侧有山壁时，要特别留意落石，应"一停二看三通过"，一定要全程佩戴头盔。若因害怕悬崖而紧贴崖壁骑行，则可能造成更大的安全隐患。

4. 骑行砂石路面

铺满细碎砂石的路面，通过时要小心滑倒，而且一定要慢，特别是平路或下坡过急弯时，要稳速前进，否则，刹车很容易滑出路面。

5. 骑行泥泞路面

遇到此路况，车胎特别容易侧滑，应尽可能从路边缘通过，换小齿轮骑行，绕开低洼路坑。要注意车辙两边堆积的泥块，避免磕碰驮包。能骑就骑，最好不要下车推行，免得弄脏鞋子。骑行前，可以多备几个塑料袋，下车推行时套在鞋子上加以保护。

6. 骑行碎石路面

路面上的大小石块对车轮胎的损伤极大，而且由于负重骑行，骑行通过的难度加大。如果路面上有很多棱角锋利的碎石，就要特别留心，尽量推行通过。

7. 骑行沙地

沙地骑行的难点在于车轮易滑、易下陷，特别是在负重骑行时，难度更大，行进速度会大大减慢。注意通过之后要检查一下车辆链条、轴承等部位，避免砂粒损伤自行车。

8. 骑行冰雪路面

注意慢骑防滑，切记千万不要和其他车辆抢道。结冰的路面特别容易滑倒，一定要把握好重心，车身要稳。注意不能急拐弯，同时最好降低坐垫，以双脚能触到地面为佳。

（三）骑车实用技巧

（1）集中注意力，不要东张西望或单手握把。

（2）事先检查车辆，特别留心坐垫、快拆、螺钉等零部件。

（3）上坡时不要轻易换小挡，否则小腿很快就会感到酸胀。

（4）下坡时，适当调低车座，这样不容易颠到臀部和头部。

（5）当下坡同时使用前后刹车时，前刹车要轻捏，以防抱死。此时应等车停后再尝试下车，不要在车轮还在转动行进的过程中就试图下车，否则很容易前空翻。

（四）注意事项

（1）逆风骑行比上坡还要累，要节省力气骑行。

（2）掌握节奏。骑行就像跑马拉松，要慢慢找到自己的节奏，尽量不要逞强，否则会让自己疲惫不堪。

（3）靠边骑行，不可逆行和并排骑行。如果路面很窄，可适当靠近中间线骑行，待有机动车靠近时再避让。

（4）控制车速。车速太快，相对人的反应就会变慢。如果遇到较长的下坡，任何一点点的状况都会演变成悲剧。

（5）刹车要用点刹的方式，先后刹，再前刹。

（6）尽量穿长袖的骑行服，脸上带好魔术头巾，并佩戴好骑行眼镜。

（7）走大路，有时候导航会提供多条路的选择，此时一定要选择走大路，否则可能被困或被迫退回。

（8）每天骑行结束后放松很重要，让肌肉不那么紧张。晚上睡个好觉，第二天起来不会腰酸腿疼。

三、自驾行进

我国已进入汽车时代，自驾远行已成为当今自由、便捷、时尚的出行方式，越来越受有车家庭和户外爱好者的追捧。但自驾的最大隐患就是行车安全，因为旅途中，我们要经过各种复杂的路况，遇到各种变化莫测的天气，加上自驾旅行多为长途，车况不好很容易途中抛锚，最终乘兴而去，败兴而归，甚至付出惨重代价。

下面，根据测绘工作者长期的野外行车经验，给大家介绍在不同路况下，如何安全驾驶以及应该注意的事项。

（一）山地山区道路行驶

山地山区道路的特点是坡度大，坡道长，弯道多，转弯急，一边靠山，一边是谷，河道深，桥梁窄，会车盲区较多。这些特点，都是安全驾驶的隐患。

1. 车速控制

山区道路行车首先要控制车速，一般控制在 30~60 千米 / 时。下坡不得置空挡滑行，弯道处要提前鸣笛，不占道、不借道行驶，进入弯道靠右行驶，避免紧急转弯，以免发生侧翻事故。

2. 注意盲区驾驶

在山区道路遇到反射镜时，此处路段一定是盲区急转弯坡道，应当立即降速至 15 千米 / 时，并注意通过反射镜观察对面有无车辆，确保安全会车。山区道路连续弯道较多，多数是盲区，所以遇弯道一定要靠右侧行驶，不得借道转弯，防止会车时发生碰撞事故。

3. 山腰间道路驾驶

遇到山腰间道路，要降低车速，尽量不超车，注意与来往车辆会车。不要四处观望，防止眩晕，集中精力看前方道路行驶。夜间行驶在弯道处，会出现灯光悬空、消失现象，应开启前雾灯、转弯时注意远近光变换。此时一定要减速行驶，仔细观察路面情况，防止发生坠崖事故发生。

4. 道路驾驶礼让规则

道路行驶应遵循礼让规则：下山车让上山车，空车让重车，货车让客车，小车让大车，机动车让非机动车。此外，途中遇到执行紧急的公务车辆，如消防、救护、抢险、公安示警车辆等应及时让道。

5. 山区坡道行驶

车辆爬坡时，应保持较强动力匀速上行，尽量避免半坡起步。老司机通常讲"上山行驶如猛虎，下山行驶似小羊"。上行坡度较大坡道较长时，自动挡汽车应从 D 挡位改用 S 挡位，变速箱会自动变换调节。上行需要较大扭矩，长期使用 D 挡位有可能损伤变速器。

6. 土质山路行驶

土质山路多数有被雨水冲刷的沟槽，行驶时应骑在沟槽两边行驶，底盘低的车辆，选择平坦路面行驶，以防止车辆底盘磨损。

（二）涉水车辆行驶

1. 涉水路线选择

（1）车辆涉水时，应尽量沿着有车辙的地方通行，此处风险最低。

（2）在没有车辙痕迹的情况下，时间上尽量选在早晨过河，位置上尽量选在河面较宽处和有水花溅起的地方过河。这些都是老司机的经验总结。总之，要选在河底较硬、河水较浅处涉水通行。

（3）在无法判断河水深度及河床硬度时，一定要用人力进行探测。探测者应手持一根 1.5 米左右长棍，一是用来探测河床软硬度，

是否有河槽，二是辅助探测者走稳。如果河水湍急，要用绳子系住探测人腰部，防止河水冲走探测者。

2.涉水行驶注意事项

（1）涉水前将发动机部位电器进行防护，关闭车窗和车顶天窗，普通车辆涉水深度一般不超过排气筒20厘米。变速箱调至一挡或二挡，保持发动机高速运转，以增大排气筒的压力，防止排气筒内进水熄火。涉水行驶不宜换挡，换挡容易熄火。

（2）河水流速较快时不可高速冲过，以防翻车。判断通行有困难时应绕行，不要冒险涉水。水深但确认可以通过时，可在排气口处接1米橡胶管，将排气口向上延伸，预防车辆熄火。不要逆流而上或垂直行驶，应顺水而下约30度方向行驶，选择好登陆地点，避免到岸后无法登陆。

（3）车辆涉水通过后，一定记住多踩几次制动，使制动盘内残余水分尽快挥发，等待制动有效后再提速行驶。

（4）车队涉水行驶，优先让有牵引的车辆通过，再让有经验的司机通过，一是可以提前做好牵引准备，二是起到示范作用。

3.涉水车辆故障处理

（1）涉水期间发动机熄火，不可急于再次点火，需检查发动机缸体是否进水（采用检查机油是否变质的方法，抽出机油尺观察，机油如果变色，说明汽车缸体内已进水），如果缸体进水，不可再点火，应牵引上岸。

（2）车辆在河道中陷车或出现故障，应及时排除，不可在河中久停，否则车被河水不断冲刷会越陷越深，甚至车身发生倾斜或侧翻。

（三）高原驾驶

高原上触手可及的纯净天空、流淌山巅的飘逸白云、绵延不断的巍峨群山、原汁原味的古朴民歌，吸引了许多人驱车前往驻足，一探究竟。

高原一般属于高海拔地区，这里高寒缺氧、空气稀薄、地形复杂，地貌大多由山、川、河流、湖泊、沼泽、戈壁、风化石、盐碱地等构成，且道路崎岖、沟壑纵横，很多地方没有道路，一旦离开主干道，手机就成了摆设，车载导航没有信号。所以，高原自驾一定要未雨绸缪、做足功课。

高原驾车应注意以下事项。

（1）在海拔3000米以上的地带，大多会出现高原反应，人的体力、智力都有所下降，因此行车速度不可过高，车速应控制在40~60千米/时，途中若身体不适，应及时停车休息。

（2）高原路况复杂，途中翻浆路面较多，应选择技术性能好、动力大、底盘高的车型。

（3）途中遇到有散热棒的道路应提前减速，因为这里是冻土路段，路面凹凸不平。

（4）遇到凹凸不平的路面时，应尽早减速，以防车身弹跳、方向失控。

（5）高原空气稀薄，车窗不可关闭过严，保持车内空气流动。

（6）做好行车计划，一般是黎明出发，中途休息就餐，天黑前到达目的地。因高原野兽出没频繁，尽量避免露营。

（7）在自然保护区，经常有野生动物成群出现，只能远观，不要靠近，更不能驱车追赶，也不要捡拾野生动物残骸，否则会受到当地森林公安的重罚。

（8）高原气压低，胎压会增高，应适当降低胎压。高原气候变化无常，随时可能下雪，建议非四轮驱动的车辆最好携带防滑链。

（9）高原是少数民族的聚集地，各民族风俗文化、宗教信仰各异，如经幡、经石、牦牛头等带有宗教色彩的东西，不要随意挪动，更不能带走。

（四）冰雪道路行驶

冰雪路面易发生事故，因为道路被冰雪覆盖，车辆轮胎与路面被冰雪隔离，导致轮胎与路面附着系数小，行驶中一旦急刹车，车身就会摆尾，甚至失去控制，造成车辆侧滑、碰撞、翻车等事故。

在冰雪路面行驶应注意的事项：

（1）起步和制动方法。起步要缓慢松开离合器，轻踩加速踏板。制动要轻踩制动踏板，转弯要放大半径，并保持与前车的安全车距。

（2）车速控制。冰雪及泥泞道路车速不得超过 30 千米 / 时。

（3）当车辆发生向前滑行或侧滑时，应立即放开制动踏板，然后缓缓调整方向至正确位置。

（4）冰雪道路会车时，应提前 100 米减速，两车接近时不踩制动、

不转动方向盘，防止侧滑导致两车擦碰。

（5）自动挡车型在冰雪道路行驶时，一般不采用 D 挡行驶，应当采用手动或雪地模式行驶，以保持足够动力。

（6）当在冰雪道

路下坡行驶时，应采用低挡位行驶，尽量避免使用制动减速。

（7）在冰雪道路上坡行驶，前轮驱动的车辆会产生打滑现象，此时一旦停车，便较难起步，为防止车辆退滑，应及时支垫后轮，然后再起步。

（8）在冰雪道路行驶要保持安全车距，一般应控制在 100 米以上，当坡道较陡或较长时，车距应保持在 200 米以上。

（9）冰雪道路的路面选择。应选择无车辙处，或沿着裸露路面的车辙，抑或尚未冰冻的车辙行驶。

（10）冰雪天气行车注意保护眼睛，佩戴雪镜。遇到前方堵车，停车时要拉开车距，尽量停在阳面，停车时间过长，需每隔一定的时间段对车辆进行移动，防止轮胎与冰层冻结一起。

（五）沙漠中行驶

近年来沙漠旅行成为时尚，在沙漠中驾车行驶应该注意些什么呢？

（1）在沙漠里开车，起步要缓慢松离合、轻轻加速，防止车轮打滑陷车。应尽量减少停车次数，挡位置于三挡以下，保持发动机较高转速，因为挡位越高转速就越低，相对应的扭矩就变小，沙漠中行驶阻力大，在高挡位行驶容易使发动机熄火。

（2）如果必须停车，应尽量在下坡或便于起步处停车。停车不踩制动，自然停车，因为踩刹车会造成在轮胎前推沙，不利于再次起步。

（3）为了保持驱动力，轮胎气压应降至 1~1.5 个标准大气压，但不宜低于 1 个标准大气压，否则容易导致车胎脱离轮毂。

（4）沙漠地形复杂，起伏较大，应尽量选在垄上（即高处）行驶，以便开阔视野，掌握全貌，合理规划行驶路线。在低洼处行驶，由于视野被遮挡，容易跑错方向。

（5）在沙漠中若发生陷车，忌开足马力强行冲刺，这样会导致轮胎越陷越深，应使用千斤顶（充气千斤顶最好）和木板将车轮托起，缓慢驶出沙坑。

（6）沙漠行驶应避免急转方向，急踩加速板，上沙丘时应缓缓加速，不要换挡；下沙丘时不踩离合，不踩制动，翻越较大沙丘时以"之"字形路线迂回行驶。

（7）沙漠沙尘较大，车辆空气滤清器很容易进沙尘，一般行驶2小时左右应对空气滤清芯进行清洁，防止细沙进入缸体，磨损发动机。

（8）沙漠中灌木较多，行驶过程注意避让干枯灌木，防止扎破轮胎甚至刺破水箱。

（9）在沙漠中行驶容易引起发动机温度升高，发生"开锅"现象，应检查防冻液是否足够。行车期间发动机过热时，应采取降温措施，停下车但不要立即熄火，自然降温后再熄火，或采取打开引擎盖通风散热，回到驻地及时清洗引擎及引擎厢内的灰尘。

（六）泥泞路面行驶

在泥泞路面行驶，很容易出现车身打滑、侧滑、陷车、起步困难等现象，行车时应注意掌握以下要点。

（1）泥泞路面的选择：在泥泞路上行驶注意选择较硬路面，选择动力小和底盘低的车辆，尽可能避开有辙印的路面，以防止车轮深陷其中。无法避开时，应一侧车轮沿车辙，另一侧沿高处行驶。

（2）泥泞路面行驶要控制好车速，通常采用一或二挡位。转弯要缓慢，少制动、多看路。在泥泞道路行驶，四轮驱动车辆应提前采取四轮驱动，避免途中因减速加挂前驱动，而失去动力导致陷车。

（3）在泥泞路陷车后，小型轿车应倒挡退出，重新选择路面行驶。四轮驱动车可前后移动试冲，冲不过去也应倒挡退出。车辆下陷过深时，应采取牵引、撑千斤顶、支垫木板、填石料等方法，多措并举将车辆拖出。

（4）在泥泞山坡上行驶，若发生车身向后溜滑现象，在制动无效时，应立即松开制动踏板，回方向盘，使车辆尾部移向山体，以阻止车辆下滑，防止侧翻或掉进沟壑。

（5）在泥泞山坡下行时，应控制车速，避免急踩刹车，应采取轻微的点刹式制动使车缓缓下行。

（6）如因工作需要，车辆经常出没泥泞道路，建议配置汽车脱困器，脱困器携带方便，脱困效率更高。

（七）湿地车辆行驶

野外工作或户外探险有时会涉足湿地，如果是已开发利用的湿地，一般基础设施齐全，驱车进入无妨；如果是原生态湿地，开车进入要格外小心。原生态湿地一般地广人稀，甚至人迹罕至，此处土质松软，沼泽较多，行驶其中潜在风险极大，必须提前做足准备。

（1）进入湿地前，首先要了解当地情况，是否允许进入，是否可通行车辆，是否需要向导，什么季节合适进入，需要携带哪些物资装备等信息。

（2）不建议单车进入，最好两辆以上车辆同时驶入，确保在关键时刻互相牵引和救助。

（3）在青藏高原湿地作业或探险，建议选择冬季，此时地面封冻，一般不会发生陷车现象。途中遇到湖泊、河流必须通过时，尽管表面封冻，但此处湖水多为盐碱水质，冰层抗压强度不高，一定要格外小心，以防冰层破裂导致车辆落水，甚至车辆被彻底淹没。

（八）车辆维护与保养

随着科技的发展，汽车制造越来越先进，一般不再需要个人维修车辆，正因如此，现在大多数驾驶员不会维修车辆，为野外安全旅行埋下隐患。所以，野外工作或自驾旅行，掌握一些汽车的日常维护和保养知识是十分必要的。

1. 汽车的保养

汽车有"七油三水"，也是重点保养的对象。所谓"七油"是指机油、变速箱油、前后桥压包油、燃油、制动液（刹车油）、转向助力油、润滑油。所谓"三水"是指雨刮液、防冻液、电瓶液。这些油液要定期检查，确保油液处于正常状态，才能减少汽车的故障率。

（1）机油检查方法：发动机熄火半小时后，拔出机油尺，检查机油液面高度，机油液面应处于标尺中间或偏上一点位置。

（2）变速箱油检查：驾驶员个人无法检查，需要在维修厂定期保养更换，一般情况下行驶 40000 千米更换一次变速箱油。

（3）前后桥压包油：需要在修理厂检查。压包油一般 40000 千米进行一次更换，如果车辆多次涉水，应进厂检查，发现油液内有水分，应立即更换。

（4）燃油检查：在困难或边远地区行车，建议勤加油，最好见到加油站即补充，以防因无加油站或加油站极少，导致汽车"断粮"。

（5）制动液检查：揭开引擎盖可以看到制动液壶，壶上有刻度尺，分上限、下限刻度，液面高度在中间偏上即可，缺油时应及时进修理厂补充。

（6）转向助力油：检查与制动液相同，壶上都有刻度尺，液面高度在中间偏上即可，缺油时应及时进修理厂补充。

（7）润滑油：一般每行驶10000~20000千米，应更换一次润滑油。

（8）雨刮液检查：打开雨刮液箱盖，发现缺少时，自行添加即可。

（9）防冻液检查：防冻液一般为粉红色，容易分辨。防冻液箱面上有"max""min"字样，液面在刻度中间即可，防冻液一般两年更换一次。

（10）电瓶液检查：电瓶液其实就是电解液。汽车电瓶可分为"免维护"和"非免维护"两种，在电瓶上一般会有电解液的容量刻度，某些电瓶可以自己添加蒸馏水或电解液，允许加注的电瓶都有入口。电解液有一定的腐蚀性，加注时洒到手上应立即冲洗。

2. 耗材的更换

（1）更换机油：汽车行程究竟为多少千米时更换一次机油，说法不一。机油是分种类的，包括矿物油和合成油两种，而合成油又可分为半合成和全合成。矿物油是石油提炼的，价格低，能满足发动机日常润滑，一般行驶5000千米或半年更换一次。合成油是矿物油加合成机油，一般每行驶10000千米更换一次即可。

（2）更换火花塞：火花塞是汽车发动机点火的重要电子元件，什么时间更换火花塞暂时没有严格界限，但一般出现下列几种情况应更换火花塞。

①当出现没有规律的熄火，或者点火很难的情况，应及时更换。

②当发动机出现抖动，基本断定火花塞已经老化，应及时更换。

③汽车提速升档出现坐车的现象，说明发动机动力不足，火花塞已经老化，应及时更换。

（3）更换轮胎：轮胎寿命一般是5~6年或者行驶 60000 千米左右，使用五六年后即使轮胎磨损不严重，但是橡胶已老化，夏季跑高速时容易爆胎。轮胎磨至花纹深度为 1.6~2 毫米时必须更换。一般轮胎在花纹深度为 1.6 毫米处有标记。

（4）更换刹车片：开车习惯因人而异，有人刹车频繁，刹车片磨损就快，经常跑山路的磨损也快，通常情况下，前轮刹车片在行驶 50000~60000 千米就需要更换，后刹车片在行驶 80000 千米左右就要更换。行驶 50000 千米后应定期检查，刹车片剩余三分之一后应更换。

（5）更换刹车油：刹车油一般使用寿命为 3 年左右。刹车油应经常检查，发现油质变黑、变稠的状况，应及时更换，防止因变质而出现气阻，导致制动失灵。

（6）空气滤清器：空气滤清器的更换取决于车辆使用环境，通常在城市行车每 10000 千米更换一次，南方湿度大灰尘少，可延长更换期。在沙漠、戈壁行车最好每天清理一次空滤，长时间在沙漠、戈壁作业应每周更换一次。

（7）燃油滤清器：燃油滤清器也称汽滤，是过滤汽油杂质用的，汽滤一般安装在油箱内，为确保油路畅通，一般行驶 20000~30000 千米更换一次。

（8）机油滤清器：机油滤清器通常在更换机油时，一并更换。

（9）蓄电池电解液：乘用车一般为免维护蓄电池，使用寿命4年左右。在发现非免维护蓄电池的电解液下降到底线位置时，应及时注入电解液。

（10）更换防冻液：防冻液一般两年更换一次，但不同型号的防冻液应禁止混合使用，应避免因化学反应对橡胶密封造成损害，导致水泵水封及焊缝处出现渗漏现象。

3. 故障的判断

汽车产生故障一般分为两类：一类是自然故障，一类是人为故障。自然故障一般是指车零部件的自然磨损或电子元器件的老化、损坏等。人为故障一般是指由驾驶员操作或维修不当产生的故障，比如水箱缺水，导致发动机过热，缸床垫被冲；机油缺少，导致发动机烧结等现象。因此，驾驶员应经常翻阅车辆保养手册，掌握一些判断车辆故障的方法。

（1）靠听觉判断：当车辆在行驶途中听到异常响声，说明车辆某些部位发生故障，应立即停车检查。停车后响声消失，说明故障在底盘或车底轴系上；停车后未熄火响声依旧，说明故障在发动机上。

（2）靠嗅觉判断：在行驶途中闻到有酸性、酒、汽油、煳味时，驾驶员应警觉，先判断异味的来源，分不清异味来源时应停车检查。通常橡胶的煳味一般是轮胎或传动带有异常磨损产生的，烧焦的煳味多数是汽车电路或离合器压盘与压片、制动盘与制动片的摩擦产生的，应仔细检查判断。

（3）靠感觉判断：当行驶过程中感觉车辆动力不足的情况发生，一般排查此类故障比较复杂，机械、电路、油路等故障都可能导致动力下降。行驶途中感觉车身抖动，一般属机械故障，如前轮定位不准确，或发动机曲轴与变速器不同轴，变速器与传动轴不同轴等。感觉耗油过大，一般多属发动机系统故障，如气门不清洁、火花塞工作不良等。

（4）靠观察判断：驾驶员应养成上车前绕车一周的习惯，观察车体外观及轮胎是否有异常，打开引擎盖观察润滑油是否足量，发现润滑油缺少时，可能是发动机缸体与活塞磨损过大而产生的。发现汽车排气颜色不正常，可能是某些部件变形或车体倾斜产生的。

（5）靠触摸判断：汽车电路、机械系统都有一个标准工作温度。用手触摸发现变速器、前后桥、轮毂温度十分烫手，则说明有故障。

4.故障的排除

（1）启动无电：汽车启动时没有反应，或者启动无力，开大灯时灯光昏暗，一般是电瓶桩头接触不良，或者是电瓶桩头正极被氧化。如果是桩头接触不良，用手按住接头向下用力左右转动，再用工具将其固定紧即可。如果是被氧化，用开水浇一下，再将浇灌处擦干净，桩头表面再涂点黄油，预防再次被氧化。

（2）发电机有异常响声：一般是发电机轴承损坏，更换轴承即可。如果是发电机转子与定子之间开始摩擦（也叫扫堂），应更换发电机。

（3）启动机空转：启动机发出"沙沙"的空转声音，但发动机无反应，这种情况大多是启动机单向齿轮损坏，不能带动飞轮运转，需更换启动机单向齿轮。

（4）油表显示误差大：可能是油表的液位传感器电阻值增大，或油表头、油浮标有故障。电子油表显示不稳定，多数是电路接触不良。应到专业维修点检测、调试。

（5）汽车玻璃升降困难：一般是升降开关故障或开关导线接触不良。玻璃升降速度缓慢，可能因夹缝中有杂物、车门框变形、电机驱动打滑、玻璃滑道移位等引起的，建议到专业维修点维修。

（6）车钥匙遥控器失灵：先检查车门是否关闭到位，车门关闭没有进入第二道锁扣时，遥控器不能实施锁门。如车门关闭正常，多数是遥控器电池耗尽，应更换电池。

（7）空调机制冷效果差：可能是制冷剂泄漏、膨胀阀或节流管不通、空调干燥剂失效、冷凝器散热不良、电子风扇不工作等原因造成的，应进厂维修。

（8）方向盘抖动：当达到 100 千米 / 时的车速时，方向盘开始抖动，一般是前轮胎不平衡，应对轮胎重新校正。

（9）方向盘沉重：先检查轮胎气压是否正常，再检查方向机油是否缺少、变稠或变质，如果两者均正常，多数是方向机助力泵故障，更换助力泵即可。

（10）制动距离延长：可能是制动片、制动盘磨损严重，或制动器总成缺少制动液，建议进场维修。

（11）车辆轮毂过热：在行驶中嗅到车外有糊味，触摸轮毂发烫，表明制动后制动片没有回位，在行驶过程中与制动盘摩擦。没有完全放松手制动也可嗅到糊味，应再次确认手刹是否已完全释放，并停车采取物理降温。

（12）轮胎鼓包：大多是轮胎内局部帘线断开，断开处的橡胶承受不了轮胎气压的压力而鼓包，应立即更换轮胎。鼓包轮胎容易发生爆胎引发交通事故。

（13）自动挡车行驶无力：一般离合片损坏或磨损严重，需更换离合片。

（14）刹车偏制动：当车紧急制动时，车身倾斜到一边，不是直线制动，俗称"偏刹"。一般是各车轮制动力不一致，应及时检查矫正。

（15）雨刮器刮不到位：一般是在挡板上，固定雨刮器臂转轴的螺帽松动，揭开螺帽护盖上紧即可。

（16）P挡位扳不动：坡道停车起步时，出现P挡位扳不动的情况，这是停车方法不当引起的。正确的操作方法：先踩制动踏板，将变速杆放置在P挡，拉起手动制动器，然后抬起制动踏板，这样就不会出现P挡位扳不动的现象。

第二节　气象预测指南

中国有句谚语，"出门先看天"，如果不事先掌握天气情况，就可能在途中遭遇雷电交加、疾风暴雨，为我们的出行带来安全隐患。特别是野外工作或户外活动，事先掌握天气情况尤为重要，因为气象信息与我们的人身安全息息相关。如何及时获取气象信息，准确判断天气情况，下面给读者介绍一些小常识。

一、气象常识

我们收听天气预报时，常常听到"今天白天""今天夜间""晴""多云""阴"等气象术语，气象学中"今天白天"是指8：00—20：00这12个小时，"今天夜间"是指20：00—8：00（+1）这12个小时；"晴"是指云量占10%~30%，"多云"是指云量占40%~70%，"阴"是指云量占80%~100%。

气象单位对降水量标准有明确规定："小雨"指的是降水量在0.6~5毫米，"中雨"的降水量在5.1~15毫米，"大雨"为15.1~30毫米，"暴雨"为30.1~70毫米，"大暴雨"为70.1~200毫米。

如果预报今天白天或晚上

有雨雪，则指的是 12 小时内的降雪；如果预报今天白天到夜间有中到大雨，则指的是 24 小时内的降水量。

一般情况下，气象台通过电视广播每天早、中、晚预报三次，但户外活动一般远离城市，活动地区一般有自己的小气候，所以出发前最好拨打 12121 气象热线，及时了解出行地的天气状况。

二、气象信息获取

（一）从官方发布获取

（1）通过电视、广播、网络、报纸等途径获取官方天气预报。

（2）手机下载相关软件获取气象信息，也可订阅天气信息服务。

（3）拨打 12121 气象服务获取信息。

（二）从户外手表中获取

户外手表有测量气压的功能，可以利用这一功能来判断天气情况。气压变化与天气变化有密切关系。一般来讲，地面上高气压的区域基本是晴天，低气压的区域往往是阴雨天。如图所示，左上角曲线图走向朝上，表明天气晴朗。

（三）观察云雾变化判断天气

现代气象学是一门自然科学，科学家把天空的云族划分三层，即低云族、中云族、高云族。云族在天空不断发生变化，由此给地球带来了气象万千的景象。过去，在没有科学手段预测天气之前，我们的先辈在实践中总结了很多预测天气的方法，至今通过检验依然可靠。下面给大家推荐一些方法。

1. "早霞不出门，晚霞行千里"

清晨的阳光散射出彩霞，表明空气中水汽充沛，天气将会下雨。傍晚出现霞光，表明西边天空晴朗。形成彩霞的东方云层，将向东移动或趋于消散，预示着明天天气晴朗。

早霞

晚霞

2."棉花云，雨快临"

棉花云是指白云如絮，表明大气层很不稳定，如果空气中水汽充足并有上升趋势，就会形成积雨云，将有雷雨降临。

棉花云

3."鱼鳞天，不下雨也刮风"

鱼鳞天，是指云彩像鱼鳞一样有序地排列，会形成雨天或大风天气。

4."天上钩钩云，地上雨淋淋"

钩云是指钓卷云，在这种云后面，常有暖风、低压或低压槽移来，有阴雨来临之兆。

鱼鳞天

5."早晨雾腾腾，放心出远门"

一般早晨雾气遮天，中午一般会出现阳光，下午便天气晴朗。

（四）用气象谚语判断天气

我们收集了部分通俗易懂的民间气象谚语，仅供大家参考。

1.观云看天气

日出有云，无雨也阴。

晚看西北黑，半夜见风雨。

有雨山戴帽，无雨云拦腰。

钓卷云

大雾天

清早宝塔云，下午雨倾盆。

满天乱飞云，雨雪下不停。

天上乌云盖，大雨来得快。

日落乌云涨，半夜听雨响。

日落云里走，雨在半夜后。

清早起海云，风雨霎时临。

雷公先唱歌，有雨也不多。

2. 观察动物异常变化判断天气

动物的感官对环境的变化如气压、温度、湿度、地震波等反应十分灵敏，如"燕子低飞雨要来"等，我们在户外可通过动物及昆虫的异常现象，来判断天气情况。

蚯蚓封洞有大雨，蜘蛛结网天放晴。

蚂蚁搬家天降雨，蚂蚁垒窝下大雨。

河里鱼打花，天天有雨下。

蜻蜓飞得低，出门带蓑衣。

出门喜鹊叫，天气一定好。

蚊子聚堂中，来日雨盈盈。

久雨闻鸟鸣，不久即转晴。

蜜蜂采花忙，近期有雨降。

3. 看风向观天气

半夜东风起，明日好天气。

雨后刮东风，未来雨不停。

久雨刮南风，天气将转晴。

常刮西北风，近日天气晴。

大风怕日落，久雨起风晴。

不刮东风不下雨，不刮西风天不晴。

雨前有风雨不久，雨后无风雨不停。

春起东风雨绵绵，夏起东风必断泉。

秋起东风不相及，冬起东风雪边天。

4. 观察星光雷电判断天气

星星眨巴眼，出门要带伞。

星星稀，好天气；星星明，来日晴。

炸雷雨小，闷雷雨大。

先雷后雨雨必小，先雨后雷雨必大。

第三节　地图使用指南

过去，多数人对地图比较陌生，只停留在挂图和旅游图层面，自从汽车进入寻常百姓家后，导航地图进入了人们的视野，并得到广泛使用。以前老司机车行万里，新司机不敢出城，就怕迷路。现在有了导航地图，走遍天下而无忧。可以说地图打开了人们的视野，改变了人们的生活方式。

一、地图种类

地图的种类很多，按内容可分为普通地图和专题地图。普通地图是一种通用地图，图上比较全面地表述了一个地区的自然地理和社会经济要素的一般特征，比如水系、居民地、道路网、地貌、土壤、植被、境界线以及经济现象、文化标志等。专业地图着重表示某种或几种地理要素，适用于某一专业部门的专门需要，比如地形图、航空图、海事图、交通图、旅游图、各种挂图、地图集等。进入 21 世纪后，地图的形式逐渐被数字地图、导航地图、影像地图所取代。

近几年随着户外运动的蓬勃兴起，为满足户外爱好者的需要，一些图书如《户外运动指南地图》《徒步运动指南地图》《古道探秘指南地图》《野营探险指南地图》等得以出版。为方便使用，这类图件一般标有各类地物、地貌符号、高程注记、地理名称、公里格网、经纬度、比例尺、图例等地理要素和数学要素。

（一）认识地图

地图是按一定比例尺，运用规定图式符号、颜色、文字注记等，显示地球表面的自然地理、行政区域、社会经济状况或专题要素的图形，了解地图三要素是正确识图的基础。

无论是野外工作还是远足探险，都离不开专业地图作向导，否则就有可能迷失方向，身陷困境。这里向大家重点介绍一些专业地形图的概念，以便认识地图、读懂地图。

地图三要素包括比例尺、图例、方向。

1. 比例尺

地图比例尺是指图上两点间距离与实地两点间距离之比，它表示地图图形的缩小程度，又称缩尺。地图比例尺有大小之分，比例尺越大，图幅所包含的实地面积就越小，地理要素信息丰富，图上测量精度高。小比例尺地图适用于宏观规划管理，大比例尺地图适用精细化管理、户外活动。

比 例 尺　　1 : 4 480 000

| 44.8千米 | 0 | 44.8 | 89.6 | 134.4 | 179.2 | 224 | 268.8 | 313.6 | 358.4 | 403.2 | 448千米 |

图上一厘米等于地面距离44.8千米

等积圆锥投影 标准纬线：北纬25°、47°

通常地图的比例尺有以下三种形式。

（1）数字式：用数字的比例式或分数式表示比例尺的大小。例如，比例尺是"1∶10000"或"一万分之一"，意为图上1厘米代表实地距离为100米。

（2）线段式：在图上画一条线段，并注明图上1厘米等于实地的距离。

（3）文字式：在地图上用文字直接写出图上1厘米等于实地多少千米。例如，比例尺是1∶50000地形图，意为图上1厘米代表实地距离为500米。

2.图例

图　　　　　例

★　首　　都	┈┈┈　特别行政区界	常年湖　时令湖
◎　省级行政中心	┈┈┈　地　区　界	水　　库
◎　地级市行政中心	────　军事分界线	井　、　泉
──　自治州行政中心地区、盟行政公署	━━　高速铁路 未成	干　河　床
◎　县级行政中心	━━　铁　　路 未成	沼　　泽
●　村　　镇	━━　高等级公路及编号 未成	沙　　漠
◎　外国首都和首府	━━　国道及编号	珊　瑚　礁
◎　外国城市 城镇	──　一般公路	▲　山　　峰
┴　国　　界 未定	航海线	长　　城
┴　省、自治区、直辖市界 未定	──　运　　河	╳　关隘、山口

地图图例是地图上表示地理事物的符号，是地图上各种符号和颜色所代表内容与指标的说明，集中于地图一角或一侧。

图例具有双重任务，编图时作为图解表示地图内容的准绳，用图时作为必不可少的阅读指南。它有助于用户更方便地使用地图，理解地图内容。

在野外工作或户外活动中，尤其是在地物稀少地区，看懂图例才能正确读图并确定自己在图上的准确位置。地图一般通过点状符号、线状符号、面状符号来表示。关于地图符号颜色，有一句通俗的话方便记忆，即"绿为林地蓝为水，地貌公路棕色绘，其他符号都用黑"。

点状符号：在地图中通常是表示居民区、独立地物和矿产地等内容的符号。

线状符号：通常表示河流、渠道、岸线、道路、航线、等高线、等深线等地物内容均使用线状进行标识。

面状符号：它们表示着湖泊、水域、森林的区域范围和其他区域的范围，同时也表示了动植物和矿产资源的分布范围等。

3. 方向

经线表示南北方向，纬线表示东西方向。地图的指向标指向北方向。无方向标时，均按"上北下南，左西右东"判读。

（二）等高线

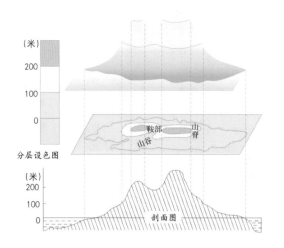

等高线是什么？把地面上海拔高度相同的点连成的闭合曲线，并垂直投影到一个水平面上，并按比例缩绘在图纸上，就得到等高线。地图等高线是地形图的核心要素，可以描绘地貌高低起伏的形态。

等高线可显示地貌特点：

等高闭合是规律，弯曲形状像现地；

线多山高线少低，坡陡线密坡缓稀。

山顶凹地小环圈，区别要看示坡线；

山顶短线向外指，凹地短线向里边。

山背曲线向外凸，山谷曲线向里弯；

山背凸棱分水线，山谷凹底合水线。

两山相连叫鞍部，高低两组等高线；

群山相连最高处，棱线称为山脊线。

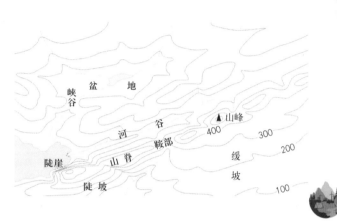

　　每条等高线表示的海拔高度相同，相邻等高线之间的间距表示相邻两条等高线的高度差，每五条等高线有一条等高线颜色加深加粗的被称为计曲线，计曲线数字为海拔高度值。

　　等高线地形图最重要的作用就是告诉使用者地貌起伏的特征。如果路线穿过的等高线海拔越来越高，就表示是上坡，反之就表示是下坡；如果路线没有穿过等高线，而是在两条等高线之间，就表示是路线平缓。

　　地图中的等高线在野外是非常有用的导航图，虽然现在 GPS 很常用，其中也带等高线图，但学会识别等高线图是户外活动应掌握的技能，结合向导、导航和地图，我们才能在野外环境中选择正确的路线和营地。

　　（三）绝对高度与相对高度

　　绝对高度：地面某个地点高于海平面的垂直距离，叫作绝对高度（也称海拔高）。在地图上，用海拔高度表示地面高度；等高线图上所标的注记数字均为海拔高度，非相对

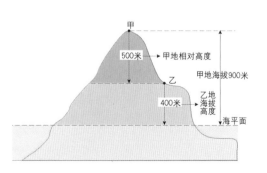

高度。

相对高度：地面某个点高于另一地点的垂直距离，叫作相对高度。相对高度的数值可能比海拔高度小，也可能比海拔高度大。

（四）地形分布规律

（1）山成群，形成脉，小山多在大山内；先抓大山做骨干，记了这脉记那脉。

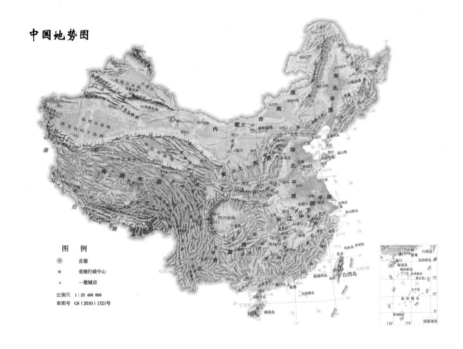

中国地势图

（2）上游窄，下游宽，多条小河汇大川；河名顺着河边写，流向流速看注记；桥梁渡口有几处，深度、底质要熟悉。

（3）平原地，多而宽，山丘地，少而窄；山区若是有大路，多沿河旁和山谷。

（4）平原密，山区稀；要记村镇有轨迹；桥、堡、店、镇靠公路，沟、涧、岭、峪在山区；泡、湾、河、洼顺水找，村、屯、庄、窑多散居。

（五）经纬度

经纬度是经度与纬度组成一个坐标系统，又被称为地理坐标系统。它是能够标示地球上的任何一个位置，经线为纵向，纬线为横向。0度经线为本初子午线，0度纬线为赤道。

经度是指通过某地的经线面与本初子午面所成的二面角。在本初子午线以东的经度叫东经，在本初子午线以西的叫西经。东经用"E"表示，西经用"W"表示。

纬度是指某点与地球球心的连线和地球赤道面所成的线面角，其数值在0度~90度。位于赤道以北的点的纬度可称作北纬，记为N；位于赤道以南的点的纬度可称作南纬，记为S。

（六）地形图图式

拿起一张地形图，我们会看到上面密密麻麻地充填着很多的符号，这就是图式符号。符号的形状、尺寸、颜色、大小各不相同，代表着不同的实地地物。熟悉这些符号再与地形图图例相配合，我们就能够看懂地图，掌握地图所承载的信息量，才能够利用好地图，发挥其使用价值，为我们的工作与生活带来便利。

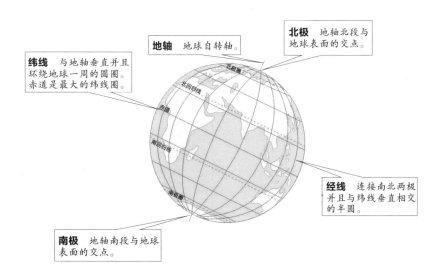

地形图图式表

符号名称	符号式样	符号名称	符号式样
地面河流 a. 岸线 b. 高水位岸线 c. 岸滩 清江——河流名称		沟堑 2.5——比高	
		坎儿井、地下渠道、暗渠	
地下河段出入口		输水渡槽（高架渠） a. 依比例尺的 b. 不依比例尺的	
		输水隧道	
消失河段		倒虹吸	
		涵洞	
时令河 a. 不固定水涯线 （7—9）——有水月份		干沟 2.5——深度	
		湖泊、池塘 咸——水质	
干河床（干涸河） a. 河道干河 b. 漫流干河		时令湖 8——有水月份	
		干涸湖	
运河		水库 a. 库容量（万立方米） 毛湾水库——水库名称 2500——库容量 b. 溢洪道 54.7——溢洪道口底面高程 c. 泄洪洞、出水口 d. 拦水坝、堤坝 d1. 拦水坝 d2. 堤坝 水泥——建筑材料 75.2——坝顶高程 59——坝长（m） e. 建筑中水库	
沟渠 a. 低于地面的 a1. 干渠 a2. 支渠 b. 高于地面的 2.5——比高 c. 渠首			

续表

符号名称	符号式样	符号名称	符号式样
通航河段起止点		管道 　a. 架空的 　b. 地面上的 　　煤气、油——输送物名称 　c. 地面下的及出入口	
飞机场			
缆车道		**地貌**	
简易轨道		等高线及其注记 　a. 首曲线 　b. 计曲线 　c. 间曲线 　d. 助曲线 　e. 草绘等高线 　21, 20, 1000——高程	
架空索道			
滑道			
渡口 　a. 汽车渡 　b. 火车渡 　c. 人渡 　90, 1190——载重吨数		雪山等高线 　a. 首曲线 　b. 计曲线 　21, 20——高程	
徒涉场 　a. 汽车徒涉场 　b. 行人徒涉场		示坡线	
管线		水下高程注记及等高线 　a. 水下高程注记 　　a1. 水下高程 　　a2. 水深 　　a3. 干出高度 　b. 水下等高线 　　b1. 首曲线 　　b2. 计曲线 　　b3. 间曲线 　　b4. 平均海水面 　　13, 10——高程 　c. 等深线 　　13——水深	
高压输电线 　a. 输电线入地口 　35——电压（kV） 　b. 地面下的			
变电站室（所） 　a. 依比例尺的 　b. 不依比例尺的			
陆地通信线 　a. 通信线入地口 　b. 地下通信线			

续表

符号名称	符号式样	符号名称	符号式样
海岸线、干出线 　a. 海岸线 　b. 干出线		礁石 明礁 　a. 单个明礁 　b. 丛礁 暗礁 　a. 单个暗礁 　　a1. 依比例尺的 　　a2. 不依比例尺的 　b. 丛礁 干出礁 　a. 单个干出礁 　　a1. 依比例尺的 　　a2. 不依比例尺的 　b. 丛礁 珊瑚礁 危险海区	
干出滩（滩涂） 　a. 沙滩 　b. 沙砾滩、砾石滩 　c. 沙泥滩 　d. 淤泥滩 　e. 岩石滩 　f. 珊瑚滩 　g. 红树林滩 　h. 贝类养殖滩 　i. 干出滩中河道 　j. 潮水沟			
		岸滩 　a. 沙泥滩 　b. 沙砾滩 　c. 沙滩 　d. 泥滩	
		水中滩 　a. 沙滩 　b. 石滩 　c. 沙砾滩 　d. 沙泥滩	
危险岸区		泉（矿泉、温泉、毒泉、间流泉、地热泉） 　51.5——泉口高程 　温——泉水性质	
海岛、水中岛		水井、机井 　a. 依比例尺的 　b. 不依比例尺的 　51.2——地面高程 　咸——水质	
沙洲		地热井	

续表

符号名称	符号式样	符号名称	符号式样
贮水池、水窖、地热池 　a. 依比例尺的 　　净——净化池 　b. 不依比例尺的	a　净　　　　b　■	船闸 　a. 能通车的闸门 　　a1. 依比例尺的 　　a2. 不依比例尺的 　b. 不能通车的闸门 　　b1. 依比例尺的 　　b2. 不依比例尺的	a a1　　　　　a2
瀑布、跌水 　a. 依比例尺的 　　5——落差 　b. 不依比例尺的	a　瀑5　　　b　瀑	扬水站、水轮泵、抽水站	1 6 ⊙ 抽
沼泽、湿地 　a. 能通行的 　　碱——沼泽性质 　b. 不能通行的	a　　　碱 b	滚水坝	
河流流向及流速 0.3——流速（m/s）	清　0.3　IX	拦水坝 　a. 能通车的 　　a1. 依比例尺的 　　a2. 不依比例尺的 　　a3. 坡宽依比例尺表示 　　75.2——坝顶高程 　　95——坝长 　　石——建筑材料 　b. 不能通车的 　　b1. 依比例尺的 　　b2. 不依比例尺的	a1　　　　　a2 a　　75.2 　　95 石 a3 b　b1　　　b2 1 0
沟渠流向 　a. 往复流向 　b. 单向流向	a b		
		居民地及设施	
潮汐流向 　a. 涨潮流 　b. 落潮流	a　　　　b	街区 　a. 突出房屋 　b. 高层房屋区 　c. 超高层房屋区 　d. 空地 　e. 主干道 　f. 次干道 　g. 支线 　大兴路——街道名称	
堤 　a. 干堤 　　a1. 依比例尺的 　　a2. 不依比例尺的 　　24.5——堤顶高程 　b. 一般堤 　　2.5——比高	a a1　24.5 a2　24.5 b　2.5		
		单幢房屋 　a. 不依比例尺的 　b. 半依比例尺的 　c. 依比例尺的 　d. 高层或突出的	a b c d
水闸 　a. 能通车的 　　a1. 依比例尺的 　　a2. 不依比例尺的 　b. 不能通车的 　　b1. 依比例尺的 　　b2. 不依比例尺的	a a1　　a2 六 b b1　　b2 六	棚房 　a. 依比例尺的 　　(6—10)——使用月份 　b. 不依比例尺的	a　(6—10) b

续表

符号名称	符号式样	符号名称	符号式样
破坏房屋 　a. 依比例尺的 　b. 不依比例尺的	a ▭　　b ▯	探井（试坑）	◿
窑洞 　a. 地面上的 　b. 地面下的 　　b1. 依比例尺的 　　b2. 不依比例尺的	a ⌂　　⌂⌂⌂ b b1 ▱　▱ b2 ▱	探槽 　a. 依比例尺的 　b. 不依比例尺的	a 探 ▭　　b 探 ─ 探
		钻孔 　涌——钻孔说明	⊙ 涌
蒙古包、放牧点 　（3—6）——居住月份	⌂ (3-6)	液、气贮存设备 　a. 依比例尺的 　b. 不依比例尺的 　c. 密集成群的 　油——贮存物的名称	a ⊙油　b ⌒油　c ⌒油
发电厂（站）	2 4 ⊠	散热塔、跳伞塔、蒸馏塔、瞭望塔 　a. 依比例尺的 　b. 不依比例尺的	a ▲ ⋕　　b ▲ ⋕
矿井井口 　a. 开采的 　　a1. 竖井井口 　　a2. 斜井井口 　　a3. 平硐洞口 　　a4. 小矿井 　　风、煤、铁——矿物 　　　品种 　b. 废弃的 　　b1. 竖井 　　b2. 斜井 　　b3. 平硐 　　b4. 小矿井	a a1 ⊗风　⊠煤 a2 ⊨铁 a3 ⊠煤 a4 ✕ b b1 ⊗风　⊠煤 b2 ⊨废 b3 ⊠煤 b4 ✕ a ✕煤 b ✕	水塔	⛫
		水塔烟囱	⚑
		烟囱	▲
		放空火炬	▮
露天采掘场、乱掘地 　石、土——矿物品种	⌓ 石　　⌓ 土	盐田（盐场） 　a. 依比例尺的 　b. 不依比例尺的	a 盐 田　　b 田
管道井（油、气井）	▲油	窑 　a. 堆式窑群 　b. 台式窑、屋式窑 　　陶、砖——产品名称 　c. 不依比例尺的	a ∧陶　b ∧砖∧　c ∧
盐井	⊞
海上平台 　油——产品名称 　a. 依比例尺的 　b. 不依比例尺的	a ◇　　b ◇	露天设备 　a. 不依比例尺的 　b. 毗连成群的	a ⊓　　b ⊓

续表

符号名称	符号式样	符号名称	符号式样
送带	▭▭▭▭▭	医疗点	✚
车	⊠	体育馆、科技馆、博物馆、展览馆	
卸漏斗	◁▷	露天体育场、网球场、运动场、球场 a. 有看台的 b. 无看台的 c. 小型的 　c1. 依比例尺的 　c2. 不依比例尺的	a 工人体育场 b 体育场 c1 运动场　c2 ○球
重机	↙		
养场、打谷场、贮草场、煤场、水泥预制场 a. 依比例尺的 b. 不依比例尺的 牲、谷——场地说明	a 牲　谷　谷 b □牲	露天舞台、观礼台	台
产养殖场 紫菜——产品名称	紫菜	游泳场（池）	泳
室、大棚 a. 依比例尺的 b. 成群分布的 菜——植物种类说明	a ▭菜 b ▭菜	电视发射塔 24——塔高	24 ♟
仓（库） a. 不依比例尺的 b. 粮仓群	a　b　□	移动通信塔、微波传送塔	♟ 通信
磨坊、水车	✧	厕所 a. 依比例尺的 b. 不依比例尺的	a ▭厕　b 厕
磨坊、风车	⊼	垃圾场	垃圾场
浴池	⊓	坟地、公墓 a. 依比例尺的 b. 不依比例尺的坟地 c. 不依比例尺的公墓	a b ⊥ c ⇧
肥池 a. 不依比例尺的 b. 密集分布的	a ⊙　b ⊙		
校 a. 大学 b. 中、小学	a 文 b 文	独立大坟	⌒　⌒
院	✚	古迹、遗址	汉长城遗址

93

续表

符号名称	符号式样	符号名称	符号式样
烽火台 5——比高	5 ☼	天文台	
旧碉堡、旧地堡		环保检测站 噪声——测站类别	噪声
纪念碑、柱、墩、北回归线标志塔		卫星地面站	
彩门、牌坊、牌楼		科学试验站	

钟楼、鼓楼、城楼、古关塞
a.依比例尺的
b.不依比例尺的
	a b	砖石城墙、长城
		 a.依比例尺的
		  a1.城门
		  a2.豁口
		  a3.损坏部
		 b.不依比例尺的
		  b1.城门
		  b2.城楼、古关塞
		  b3.损坏部
		  b4.豁口
		  16——比高
			a a1 a2 a3
			
			b b1 16 b2 b3 b4

亭			
文物碑石			
塑像、雕塑			
庙宇			
清真寺 a.依比例尺的 b.不依比例尺的	a b	土城墙、围墙	
教堂 a.依比例尺的 b.不依比例尺的	a b	栅栏、铁丝网、篱笆、电网	
宝塔、经塔、纪念塔 a.依比例尺的 b.不依比例尺的	a b	地类界	
敖包、经堆、麻尼堆		地下建筑物出入口 a.依比例尺的 b.不依比例尺的	a b
土地庙			
气象台（站）		柱廊	
水文站、水位站、流量站、验潮站 水文——测站类别	水文	建筑物下通道、门洞、下跨道	
地震台		台阶 a.依比例尺的 b.不依比例尺的	a b

续表

符号名称	符号式样	符号名称	符号式样
交通		专用公路 ⑨——技术等级代码 （Z331）——专用公路代码 及编号 a. 建筑中的	a
标准轨铁路 a. 单线 b. 复线 c. 建筑中的	a b　b1 b2 c	县道、乡道及其他公路 ⑨——技术等级代码 （X331）——县道代码及 编号 a. 建筑中的	
		地铁	
窄轨铁路 a. 单线 b. 复线	a b	磁浮铁轨、轻轨线路	
		快速路	a
火车站及附属设施 a. 机车转盘 b. 信号灯、柱 c. 水鹤 d. 天桥 e. 车挡 f. 站线 9——轨道数 灵泉站——车站名称	灵泉站	高架路 a. 高架快速路 b. 高架路 c. 引道	a b　　c
		内部道路	
		机耕路（大路）	
		乡村路	
		小路、栈道	
高速公路 a. 临时停车点 b. 建筑中的	a b	时令路、无定路 （4—10）——通行月份	0 3 （4—10）
国道 ②——技术等级代码 （G131）——国道代码 及编号 a. 建筑中的	a	山隘 （4—10）——通行月份	（4—10）
		长途汽车站（场）	2 4
		加油站、加气站 油——加油站	
省道 ②——技术等级代码 （S331）——省道代码 及编号 a. 建筑中的	进港公路 a	停车场 a. 依比例尺的 b. 不依比例尺的	a Ⓟ b Ⓟ

续表

符号名称	符号式样	符号名称	符号式样
收费站 a. 依比例尺的 b. 半依比例尺的 c. 不依比例尺的		中国公路零公里标志	

车行桥、漫水桥、浮桥
 a. 单层桥
   a1. 依比例尺的
   a2. 不依比例尺的
   8——载重吨数
 b. 双层桥
   b1. 引桥
 c. 并行桥
		路标	

		里程碑 49——公里数	
立交桥 a. 匝道（交换道、连接道）		水运港客运站	

		码头
		 a. 固定顺岸式码头
		   a1. 依比例尺的
		   a2. 半依比例尺的
		 b. 固定堤坝式码头
		   b1. 依比例尺的
		   b2. 半依比例尺的
		 c. 浮码头（趸船式码头、栈桥式码头）	

过街天桥		干船坞	
人行桥、亭桥、廊桥、时令桥 a. 依比例尺的 （12—2）——通行月份 b. 不依比例尺的		停泊场（锚地）	
铁索桥、溜索桥、缆桥、藤桥、绳桥 绳——种类说明		灯塔	
		灯桩	
级面桥 a. 依比例尺的 b. 不依比例尺的		灯船	
		浮标、灯浮标	
栈桥		岸标、立标	
隧道、明峒		信号杆	
路堑			
路堤		系船浮筒	

续表

符号名称	符号式样	符号名称	符号式样
岩溶漏斗、黄土漏斗		c. 新月形沙丘及沙丘链	
坑穴 　a. 依比例尺的 　　2.3——深度 　b. 不依比例尺的		d. 垄状沙丘	
山洞、溶洞		e. 窝状沙地	
火山口			
冲沟 　3，4——比高		雪山 　a. 粒雪原（雪被） 　b. 冰川 　c. 冰裂隙 　d. 冰陡崖 　e. 冰碛 　f. 冰塔、冰塔丛 　g. 冰斗湖 　h. 雪山范围线	
陡崖、陡坎 　a. 土质的 　b. 石质的 　　18，22——比高			
露岩地、陡石山 　a. 露岩地 　b. 陡石山 　　1986.4——高程			
		崩崖 　a. 沙土崩崖 　b. 石崩崖	
岩墙 　7——比高		滑坡	
		泥石流	
沙地地貌 　a. 平沙地 　b. 灌丛沙堆		熔岩流	
岩峰、黄土柱 　a. 孤峰 　　13——比高 　b. 峰丛		土堆、贝壳堆、矿渣堆 　a. 依比例尺的 　　5——比高 　b. 不依比例尺的	

续表

符号名称	符号式样	符号名称	符号式样
梯田坎（人工陡坎） 2.2——比高	2.2	成林 a. 针叶林 b. 阔叶林 c. 针阔混交林 d. 小面积树林 e. 狭长林带（带状绿化树）	
石垄			
岸垄、土垄 1.5，5——比高	1.5 5		
植被与土质			
稻田		幼林、苗圃	
旱地		灌木林 a. 密集灌木林 b. 稀疏灌木林 c. 小面积灌木林、灌木丛 d. 狭长灌木林	
菜地			
水生作物地 　a. 非常年积水的 　藕——品种名称	藕	竹林 a. 大面积竹林 b. 小面积竹林、竹丛 c. 狭长竹丛	
台田、条田	台　　田	疏林	
园地 经济林 　a. 依比例尺的 　橡胶——产品名称 　b. 不依比例尺的 　c. 带状分布的 经济作物地		迹地	
		防火带	防火　　　防火
		行树	

续表

符号名称	符号式样	符号名称	符号式样
独立树丛 　a. 针叶 　b. 阔叶 　c. 针阔混交树丛 　d. 棕榈树丛		沙砾地、戈壁滩	
高草地 　芦苇——植物名称		沙泥地	
草地 　a. 天然草地 　b. 人工绿地		石块地	
半荒草地		残丘地 　5——平均比高	
荒草地		三角点 　a. 土堆上的 　张湾岭——点名 　156.71, 156.7——高程 　5——比高	2.4 △ 张湾岭/156.71 a 5 △ 张湾岭/156.7
花圃、花坛		小三角点 　a. 土堆上的 　摩天岭、张庄——点名 　294.91, 156.7——高程 　4——比高	2.4 ▽ 摩天岭/294.91 a 4 ▽ 张庄/156.7
盐碱地		水准点 　Ⅱ——等级 　京石 5——点号 　32.80——高程	1.6 ⊗ Ⅱ京石5/32.80
小草丘地		卫星定位连续运行站点 　14——点号 　495.26——高程	2.6 ▲ 14/495.26
龟裂地		卫星定位等级点 　B——等级 　14——点号 　495.26——高程	2.4 △ B14/495.26
白板地 　a. 依比例尺的 　b. 不依比例尺的	白板地	独立天文点 　固壁山——点名	3.2 ☆ 固壁山/24.5

二、定向定位

在地物稀少地区行进时，准确判定自身位置，掌握行进的方向，至关重要。在实地行动中，应以实际所见，如公路、河流的延伸方向，山体山脉、高山头、湖泊、突出的植被等明显地物，调整地图方向与实地一致，准确判定前进方向。方向确定后，根据这些明显地物的相关位置关系，先远判（粗判）后近判（细判），判定出自己在图上的位置。

三、确定路线

按上述操作，判定行进方向和自身位置后，对行进方向做确认，必要时依据实际情况，对路线予以修正，确保前进路线正确。

四、测量距离

（一）图上测距

为获得目标点的距离，在图上依据选定的目标以厘米为单位（一般量至小数后一位），测量出两点间的图上距离，然后依据比例尺即可计算出对应的实地距离。

（二）望远镜测距

随着科学技术的发展，激光测距望远镜应运而生，它是利用激光对目标的距离进行准确测定的仪器。在工作时，向目标射出一束很细的激光，由光电元件接收目标反射的激光束，计时器测定发射到接收的时间，从而计算出观测者到目标的距离。

五、观察地貌

行进在荒漠区域，时刻掌握自己在图上的准确位置是比较困难的，应注意观察远处和周边的地貌，尽量选择缓坡、平坦、植被少的安全地段行进。如有明显地物时，应在地图上进行识别。这对确定位置、掌握正确前进方向十分必要。

六、了解山势

如果户外活动区域是山区，最好提前了解山体山脉的总体延伸方向或走向，这对户外活动安全大有裨益。如昆仑山、秦岭、天山等，总体延伸方向为东西向，分水岭南北的河流在山谷的总体流向分别

为南方向和北方向。了解这些知识，即使不使用地图也能判定大致方向。

第四节　方位辨别指南

在山区、密林或荒漠区活动，迷失方向的事件时有发生，掌握一些必要的方向辨别方法，是走出困境、确保人身安全的有效手段。

指南针在我国古代叫司南，也是我国古代的四大发明之一。它对人类探索未知，发现新大陆，推进科技进步，起到了不可估量的作用。在定向使用中，指南针常常被人称为指北针，因为红色指针永远指北，这也逐步成为国际标准。

指南针是用一根装在轴上的磁针，在磁场的作用下，这根针可以自

由转动,当其静止时磁针所指的方向就是磁北方向,可以认为是人们生活中所指的北方向,古人利用这一特性辨别确定方向。

随着科技的发展,电子指南针已被广泛设置于汽车和手机中,为人们出行带来了很多方便,其使用也较为简单,按说明或提示操作即可。

下面介绍几种野外判别方向的方法。

一、用指南针判别方向

（1）将指南针水平放置。为不受干扰,应远离高压线、汽车至少10米以上,手机、机械手表等对指南针也有影响,也应适当远离。

（2）待其指针静止。如果指针无法静止且不停地摆动,应当是磁场干扰所致。

（3）将指南针轻轻转动,当指针与刻度盘的"北"（N）重合后,指针所指方向即为北方向。

二、通过周围地物判断方向

1. 房屋建筑

一般来讲,北方地区居住的房屋、较大的古塔、庙宇的门一般向南开,尤其庙宇的主殿门。伊斯兰教的清真寺的门朝东方向。

2. 植被特征

（1）在北方干旱的地方,北坡多生长林木,南坡多生长低矮的灌木和草。

（2）一般来说,独立树的树叶生长茂盛的一方为南方向。看到伐木留下的树桩,一般可依年轮来判断,年轮间距较宽的一方是南方向。但是树叶和年轮的生长较为复杂,除阳光作用外,与自由空间、风力和其他因素也有巨大影响。

南方

北半球

利用这一特征辨别方向时，不要生搬硬套，务必多种方法综合运用，相互补充验证。

（3）夏季桃树、松树、杉树分泌的胶脂多在南面，且易结成较大的块。

（4）果树朝南一侧枝繁叶茂，果实结得多，果实成熟时朝南的也先变色且颜色较深。

（5）一般阴坡低矮的蕨类和藤类植物比阳坡的长势更好。

3.其他特征

（1）阳坡积雪融化的速度比阴坡快。

（2）蚂蚁的洞穴口大都朝南。

三、根据太阳起落判断方向

在没有地形图和指南针情况下，太阳是最可靠的"指南针"。冬季日出位置为东偏南，日落方向是西偏南；夏季日出位置为东偏北，日落方向为西偏北；春分、秋分时期，太阳出为正东、落为正西。

四、利用手表指针和太阳位置辨认方向

只要有太阳，就可以利用手表指针辨别方向，方法如下。

（1）按 24 小时制读出当时的整时时间，再将读出的时间数除以 2，得到一个新的小时数。手表置平，让手表将这个新的时间点数对着太阳方向，此时手表的 12 时所指的方向即为北方向。

（2）手表置平，用时针指向太阳方向，此时时针方向与 12 时方向夹角的平分线方向即为北方向。

注：用此方法测定方向应考虑地方时差。以东经 120 度线为准（120度线在呼伦贝尔、秦皇岛、青岛、杭州、高雄等附近），每向东 15 度将北京时间加 1 小时，每向西 15 度则将北京时间减 1 小时，即为地方时间。如拉萨在东经 91 度处，则（120 − 91）÷15≈1.9 小时 = 1 小时54 分，将北京时间减去 2 小时，即为拉萨的当地时间。

五、借助日月移动判别方向

（一）借助太阳判定方位

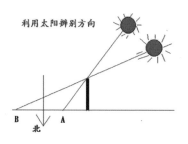

用一根标杆（或直树枝、筷子等），使其与地面垂直，把一颗石子放在标杆影子的顶点 A 处，约 10 分钟后，当标杆影子的顶点移动到 B 处时，再放一块石子。将 A、B 两点连成一条直线，这条直线的指向就是东西方向。与 AB 连线垂直的方向则是南北方向，向太阳的一端是南方。这些影子在中午最短，直杆越高、越细、越垂直于地面，影子移动的距离越长，测出的方向就越准。

（二）借助月亮辨别方向

月亮同其他天体一样，也处于永恒的运动中。夜间用月亮的移动判别方向，首先要了解月亮的起落规律。农历每月十五日 18 时，月亮从东方升起，逐渐向西移动，24 时所在方向为正南方向，早晨 6 时在西方。

农历十五前后几天，可以用看太阳起落的方法看月亮来判断东西方向。月亮也是由东向西移动的，移动的方向就是西方向。每天月亮升起的时间比前一天迟 50 分钟左右，依据月亮运动规律，农历上半月的上半夜能看到月亮，满月前后整夜可见，下半月的下半夜才能见到月亮。因月亮也是由东向西移动，同样可以用标记太阳的方法，用树枝标记月亮阴影来判断东西方向。

六、利用月亮形状的变化判别方向

　　首先要了解月相的变化规律。月亮本身不发光，在太阳照射下，向着太阳的月面是亮的，太阳照射不到的月面是暗的。月相变化规律如下。

　　农历初五以前的月亮，只会在黄昏后出现在天空的西半天。

　　农历初六到初九，黄昏的时候月亮出现在南方，子夜时在西方落下。

　　农历初十到十三，黄昏的时候月亮出现在东南方，子夜位于西南方。

　　农历十四到十七，18 时左右月亮从东方升起，子夜位于南方，黎明前在西方落下。

　　农历十八到二十一，月亮子夜位于东南方，黎明前位于西南方。

　　农历二十二到二十四，月亮子夜从东方升起，黎明前位于南方。

　　农历二十五到月末，月亮下半夜从东方升起，黎明前位于东南方。

　　农历上半月的月相称为"上弦月"，十五、十六的月相称为"满月"，下半月的月相称为"下弦月"。

　　以上内容简单概括为以下两句话：上弦月出现在农历上半月的上半夜，位于西半天空，月面向西。下弦月出现在农历下半月的下半夜，位于东半天空，月面朝东。可以简记为"上上上西西、下下下东东"。

七、利用北极星判定方向

找到大熊星座（即北斗星座）。该星座由七颗星组成，开头就像一把勺子。当找到北斗星后，沿着勺边A、B两颗星的连线，向勺口方向延伸约为A、B两星间隔的5倍处一颗较明亮的星就是北极星，北极星指示的方向就是北方。还可以利用与北斗星相对的仙后星座寻找北极星。仙后星座由5颗与北斗星亮度差不多的星组成，形状像大写的W，在W缺口中间的前方，约为整个缺口宽度的两倍处，即可找到北极星。

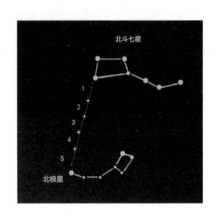

第五节　导航设备使用指南

导航的概念自古有之，勤劳智慧的先民通过观察日月星辰以及事物变化的特征来判断方位，并发明了指南针等工具。现在，这些古老的导航方法已经被地图、手机导航、手持导航仪等更为精确和便捷的方式和工具所替代。

人们几乎可以随时随地知道自己所在的位置以及想去的位置信息。

近年来，随着卫星定位导航、空间地理信息技术、计算机技术、通信技术和网络技术的飞速发展，极大程度上改变了我们的生活和出行方式。基于手机的导航应用软件已成为众多司机朋友和户外旅行者的首选。目前，国内导航软件主要有高德、百度、腾讯等。其中，高德、百度的用户相对较多。这些专业的导航软件，后台数据准确翔实、更新较快，路线规划智能便捷，尤其是在导航过程中，可以根据出行大数据，实时自动避开拥堵、施工、管制、禁行的路段，为我们的出行节省了时间，提高了效率。

但是，受制于手机导航软件的市场定位，一旦离开了城市、离开了大路，导航软件就不灵了，就需要专业的手持导航仪。手持导航仪专注于精确的线路导航，即便在没有通信网络和信号的深山老林、戈壁荒漠，手持导航仪依然能帮你辨别方位、记录轨迹、指引方向。

一、手持导航仪的特点

手持导航仪与手机导航相比，具有以下特点。

（1）手持导航仪具有"三防"（防尘、防震、防水）功能，因为户外的使用特性，掉进水里、掉在地上都是有可能的，所以手持导航仪一般都有工业级的"三防"设计。

（2）手持导航仪定位芯片模块性能更稳定、精度更高，相比于手机的定位芯片 10~20 米的精度，专业手持机定位可达到 3~5 米的精度，甚至在 3 米以内，专业手持机的信号接收速度和置信水平更高。

（3）手持导航仪屏幕的分辨率和色彩表现要弱于手机屏幕，但是在户外强光下的可视角度和阅读表现都更好一些，屏幕上显示的内容看得更清楚。

（4）手持导航仪的电池续航能力更强，一般两节干电池可以保证屏幕在常亮状态下工作大半天的时间，而且可以更换电池，这点优势是手机在户外无法媲美的。

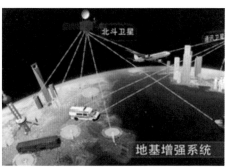

（5）手持导航仪有配套

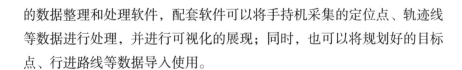

的数据整理和处理软件，配套软件可以将手持机采集的定位点、轨迹线等数据进行处理，并进行可视化的展现；同时，也可以将规划好的目标点、行进路线等数据导入使用。

二、手持导航仪的定位方法

（1）在出发位置、休息位置、重点位置以及路口等特殊位置，打开位置定位，系统界面显示已经完成了查找卫星，在有经纬度信息后按一下确认键（定位或者小旗子），界面会提示点"好"的标识，也可以根据特征点自行命名，系统按照定位顺次，会自动顺序生成定位点。

（2）确定目标点距离的方法。出发前，应提前输入目标点坐标信息（可以手动输入也可以连接电脑输入），打开手持机位置定位功能，在系统界面显示已经完成了查找卫星，有经纬度信息后按一下确认键。此时界面会自行显示目标点还有多远的距离。该距离是系统计算出的直线距离。

三、用在线（离线）地图导航的操作流程

现在，很多导航应用软件可以直接在线使用地图，也可以下载离线数据包，被司机朋友称之为自驾导航的利器，它有以下优点。

（1）无须耗费任何费用，免费使用。

（2）用电脑设计好路线和兴趣点，上传到手机、iPad、电脑均能使用。在城市、在农村、在无人区的旷野中也不会迷路。

（3）多种地图模式互相切换使用，后台数据丰富。

（4）可以像微信里的位置共享一样，实现手机之间的路线分享，可以即时和朋友通信，随时了解对方的行程和位置。

下面给大家举例详解一下具体操作流程，希望对大家有所帮助。

①下载打开地图，进入首页。

②在首页下方选择"编辑"功能，同时找到你要去的地方。

③在地图上通过"区域"和划线功能，把从自己位置到要去地点的范围圈起来。

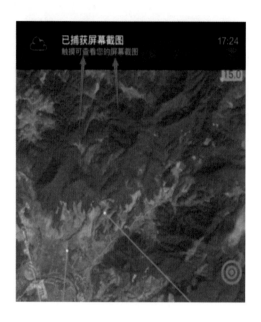

④双击所圈的区域，在出现的界面中进行命名和下载地图。

⑤接下来在系统区域中选择"郊区与市区一样处理"的选项。

⑥选择完成后进行"保存"设置，这样就能离线查看地图了。

⑦放大地图，用"1"和"2"进行规划，"3"用来标注。

⑧选择好目的地，打开位置定位功能就能进行离线的导航了。

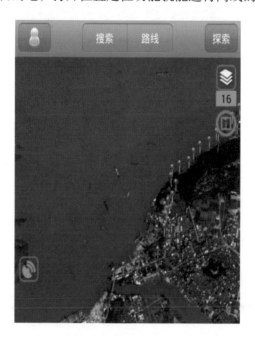

第三章　野外生活指南

互联网时代，生活在城市的人们，可以通过一部手机足不出户地获取想要的一切。而在荒无人烟的野外，有时想喝一口干净的水，吃上一顿可口的饭都是一件很难的事情。所以，必须掌握一些野外生存技巧，比如安营扎寨、生火做饭、寻找水源、采集食物以及应对突发事件等技能，才能在野外生活中应变自如、临危不乱。

第一节　野外扎营技能

一、帐篷的基本知识

帐篷是野外工作和生活临时安置的"家"，它具有保温、防风、防晒、防蚊虫、防雨雪等功能，而且体积小、质量轻、易携带，搭建快捷，拆卸方便，是野外宿营的必配装备。但面对市面上品种繁多的帐篷，选择什么样的规格和款式适合我们事先拟定的出行计划，对于初涉野外的朋友来说，还是需要了解一下。

（一）帐篷的规格

一人用帐篷：重量约 2.0 千克，面积约 1.3 平方米。

两人用帐篷：重量约 2.5 千克，面积约 2.6 平方米。

三人用帐篷：重量约 4.5 千克，面积约 4.2 平方米。

四人用帐篷：重量约 6.0 千克，面积约 7.5 平方米。

（二）帐篷的种类

四季帐：顾名思义，这种帐篷在春、夏、秋、冬均可使用，是为从事野外工作和酷爱野外露营的群体设计的。它有双层门，一层用来通风，一层用来冬季保暖。

三季帐：是针对春、夏、秋季设计的，是帐篷的主导产品，因为户外活动大都选择在春、夏、秋季节。三季帐篷的面料一般防水厚度为1500~2000毫米，应对一般性降水绰绰有余。

家庭帐：自驾旅行者一般会选取这种帐篷，它的优点是空间大，包括主厅与卧室，是举家户外宿营的首选。

尖顶帐：金字塔结构，外观看似很"酷"，故受到年轻人推崇。

圆顶帐：这种帐篷搭建简单，空间良好，是初级户外爱好者的理想选择。因为圆顶帐迎风面均匀，所以抗风性可能要差一些。

（三）帐篷的选择

选购帐篷首先考虑用途，比如使用季节、容纳人数、空间需求、帐篷重量、可承受的价位等。

选择帐篷要兼顾防水性和透气性，如果只考虑防水，内部产生的湿气会凝聚在内帐，造成底部出现小水坑，甚至可能会湿透睡袋，所以透气性也很重要。单层帐篷因保温性和透气性差，所以仅适合户外休闲使用。两人帐是最常使用的帐篷，最好选择双人双层帐篷，因为它具备帐篷的所有功能。帐篷的颜色最好选暖色调，如黄色、橘色、红色等。醒目的颜色容易被人发现。

帐篷一般分为专业型和休闲型两类。专业性帐篷选材比较考究，制作工艺复杂，属于中高档帐篷，适合野外工作者和登山探险者在复杂环境下使用。休闲型帐篷选材比较经济，制作工艺简单，属于低档次帐篷，适合在一般环境下露营。

（四）帐篷的款式

帐篷的款式大体有五种。

1. 三角形帐篷

该类帐篷采用人字形金属管或木杆作为
支架，中间架一根横杆连接，撑起内帐，装
上外帐即可。这是早期最为常见的帐篷款式。

优点：重量轻、抗风性能好、稳定性好、
搭建方便。

缺点：帐篷内壁容易形成冷凝水，可能
会打湿衣物或睡袋。

适用场合：适用于高原或高纬度地区。

2. 圆顶形帐篷

圆顶帐篷又称"蒙古包"，由几根撑
杆交叉组成，可以整体移动，是户外活动
普遍被采用的类型，适合于初级户外爱好
者露营使用。

优点：使用广泛，支架简单，安装和
拆卸快。

缺点：抗风性能差。

适用场合：适用于公园、湖畔等环境。

3. 六角形帐篷

该类帐篷采用三杆或四杆交叉支撑，
注重帐篷的稳固性，是"高山型"帐篷的
常见款式。

优点：空间大、抗风性能好、防雨效
果好。

缺点：分量较重，搭建不太方便。

适用场合：适合于高山及恶劣天气下使用。

4. 船底形帐篷

因为形似一条翻过来的小船，故得
此名。

优点：保暖性能好、抗风性能好、
防雨性能好、空间大等。

缺点：侧面容易晃动，搭建要考虑
风向。

适用场合：大多适用于高海拔营地建设。

5. 屋脊形帐篷

这种帐篷形状类似一间独
立的小瓦房，一般比较高大，
相对笨重，适合于驾车族或相
对固定的野外作业露营使用，
故有车载帐篷之称。

优点：空间高、面积大。

缺点：重量大，难以独自
完成搭建。

适用场合：适合多人使用。

二、搭建帐篷的方法

不同的帐篷有不同的搭建方法，但基本大同小异。下面就比较常见
的内撑外拔搭建法进行详细说明。

第一步：先选好地点。识别好风向及地形后，选择一处平坦地，清
理地面上的杂物。

第二步：检查帐篷用具。将袋中收藏的用品倒出，逐一检查各部分
零件，为了撤收帐篷时的方便和不遗漏东西，多余的地钉要放入地钉袋

中收好。

第三步：铺设地席。地席铺好后，将外帐底部铺在地席上面，整理平整。

第四步：穿帐篷杆。先将帐篷杆穿进通道，再将帐篷杆下方穿进帐篷角的两端的孔中，支起帐篷，这样帐篷的主体就成型了。

第五步：打地钉。先将帐篷的一个角用地钉固定，然后固定对角线上另一端的地钉，再固定旁

边的两个地钉，最后将其余的地钉固定好。打地钉时，成 45 度角插入地面。

第六步：拉防风绳。防风绳的末端用地钉固定，防风绳与地钉成 90 度角最牢固。

第七步：挖排水沟。距帐篷四周 30 厘米左右，挖一道深约 10 厘米的排水沟，排水沟的排水口选在地势最低处。

三、扎营场地选择

选择合适的地点搭建帐篷是户外宿营的重要环节，决不能马马虎虎、敷衍了事，因为它关乎我们的人身及财产安全。

（1）应尽量选择在坚硬平坦的地面搭帐篷。

（2）尽可能在阳面搭建帐篷，以享受清晨的第一缕阳光。

（3）不要在河岸和干涸的河床上扎营，以防夜间洪水。

（4）不要在棱脊或山顶上建立营地。

（5）不要将帐篷搭建在大树下，以防雷击。

（6）帐篷的入口要背风，帐篷要远离有滚石的山坡。

（7）帐篷搭建好后，应在帐篷四周挖一条排水沟，为避免下雨时帐篷被淹。

四、扎营注意事项

帐篷内空间本就狭小，所以最好不要在帐篷内做饭。一是炉具燃料多为油气，刺激的气味很容易使人产生窒息感；二是帐篷材料是可燃物，油气燃料一旦溢出，很容易发生火灾；三是帐篷内做饭，形成的水蒸气很快会凝结成水，造成帐篷内潮湿阴冷。因此，最好选择在帐外进行炊事。

五、无帐篷时如何野营

野外作业或户外活动时，可能会发生因天气影响或归途遥远而不能返回宿营地的情况，这时就需要就地取材，搭建临时性庇护所来解决宿营问题。这里介绍几种方法。

方法一：就地找几根竹子，锯成长度一致的几段，且从中间劈开打掉竹节。用木杆或竹竿搭一个"高低杠"，将竹子的切口处朝上依次放好，然后将另一半的竹子切口处朝下错开放好，底下横放一个劈开的竹子。两边竖立一些毛竹或树枝挡风。

方法二：找两棵相邻的高度基本一致的树，将几根树枝横放在两棵树的分叉上，然后用藤蔓将其缠绕在树枝上。这样就可以临时在树上过夜，以防止夜间动物伤人，避开因地面潮湿对人的伤害。

方法三：就地找一些长度一致的木杆，用藤蔓或绳子捆住一端，然后竖起撑开另一端搭建成圆锥形架子，再用树枝或树叶围在架子上，最好一层一层压好。

需要提醒的是：小心用火。离开时一定要确保熄灭火源，防止火灾。选取树木时一定要有节制，不能乱砍滥伐，保护生态环境。

第二节　野外生火技能

火，本是自然产物。火山爆发，山口喷火，电闪雷鸣，引发火灾等。原始人开始看到火，不会利用，反而惧怕。后来偶尔捡到被火烧死的野兽，拿来一尝，味道鲜美，且利于消化。于是，人类渐渐学会用火烧烤食物，并学会保存火种，使它长久不灭。可以说，火是人类由野蛮步入文明的标志之一。

一、生火地点选择

（1）距帐篷至少5米远的背风处，以防飞溅的火星引燃帐篷。

（2）沙土地或无草处。

（3）山洞里或岩石下面。

（4）如有条件用石头起灶，则灶口应朝风口，剩下的三面用石头围起来，空气越流通，火苗就越旺。

二、生火材料准备

就地取材是野外生火的主要方法。在草原，可用枯草、干透的牛马粪便作燃料；在丛林，可用地上的干柴、枯死的树木、树下的干枝作燃料。通常，山脊、山背、山顶的草木含水分少，易燃烧；山谷、山腰、山脚的草木含水分多，不易燃烧。含油量高的草木，如杜鹃、株树、栎树、梅树、竹子等，即使刚被砍下也比较容易燃烧。北方常见的桦木树皮，含油量高达 25%，在雨中也能燃烧。

三、野外用火规则

为避免引发火灾，野外用火应遵守以下规则。

（1）点篝火或使用燃火灶具时，应派专人看管，使用完毕要及时熄灭火源，最好能用沙土覆盖，防止复燃。

（2）在点燃篝火或炉灶时，应选择避风和距离水源较近的地方，准备好备用水。万一发生火灾时，能够迅速取水灭火。

（3）在草木较多的地方用火，不仅要将周围的草木清理干净，还应在四周开出 2 米左右的防火道，以免火星飞溅。

（4）如风力较强时，应尽量避免用火，必须使用时，一定要选择在避风的沟、坎下面点火，以免强风吹散火堆，引起火灾。

（5）山区吸烟时，应准备一个空罐头盒或空瓶，用于放置烟灰、烟头等，用水或沙土将其熄灭后，掩埋或带走。

四、取火技能（自制火种）

这里重点介绍在没有火种的情况下，如何自制火种。

（一）古典式钻木取火法

首先找一块合适的木材作为钻板，比如干燥的白杨木、柳树木等，因为它们的质地较软。再找一根较硬的树枝作钻头，把钻板的边缘钻出

倒"V"形的小槽，然后在钻板下放入一些易燃的火绒或干枯的树叶，

双手用力来回转动钻杆，直至冒出青烟出现火苗为止。

（二）双人经典钻木法

其他步骤跟第一种方法相同，不同的是这一方法需两个人合作。一个人用带凹槽的木头盖子把钻轴固定在钻板上，另一人用摩擦力较大的绳子或藤条在钻轴上缠几圈，然后快速来回拉动。双人合作的效率高，出火快。

（三）简易刨子取火法

将软质木板挖一长槽，槽的前方放置易燃火绒，用较硬木条向前推动，直到火星将火绒点燃。

（四）易洛魁族式取火法

由易洛魁族发明的这个装置取火效率相当高。钻轴的一端用两根绳子缠绕，绳子的另一端固定在一个硬质横板上，钻轴的中间部位用一个硬质木轮做加速器，当把绳子缠好后用力向下压横板，就能使钻轴产生极快的转速，然后钻出火花。

（五）穴居时代的经典火种保留法

当周围环境非常潮湿，一般材料很难点燃时，用干燥的材料盘成鸟巢状，中间部分掏空，尽量保持松软，然后垫上一层火绒，这样即使在潮湿环境下，也能遇火星便燃烧。

（六）火石取火法

用打火石打击硬质的材料，比如钢刀、花岗岩等。

火石的上面垫上易燃的火绒或是已烧焦的布料，打击便燃烧。使用时，尽量选择带有棱角的石头打击火石，圆润的石块不易擦出火花。

需要提醒的是，作为一种技能，野外生火技巧还是需要掌握的，但为了安全起见，不建议在野外使用，除非身处困境，万不得已时才能使用。

第三节　野外取水技能

水是人体之母，生命之源。

水是吸收营养、输送营养物质的介质，又是排泄废物的载体。人通过水在体内的循环完成着新陈代谢的过程。在这个过程中，水还具有为人体散热，调节人体体温，润滑关节和各内脏器官等作用。它对人类生命至关重要，如果失水达 10%~20%，就会危及生命。因

此正常人每天除吃饭以外，还需要喝 1500 毫升左右的水，即大约 6~8杯水才能满足人体新陈代谢的需要。

一、保证饮水安全

饮水安全指通过某种技术或方法彻底去除水中的细菌、农药残留、重金属等安全隐患，确保水质安全。在野外或身处极端环境中，一般情况下，并不具备上面所述净水的技术和条件。水质的好坏只能取决于水源。那么，身处野外如何才能获取水源，并喝到"放心水"呢？

在人们融入自然的实践过程中，总结出许多找水的方法。

1. 根据动物、昆虫活动情况寻找水源

观察野生动物活动情况。夏天蚊虫聚集，蚊虫飞成柱状的地方一定有水；有青蛙、大蚂蚁、蜗牛居住的地方有水；鸟群会在水源地的上空盘旋；鹌鹑傍晚时向水飞，清晨时背水飞；斑鸠群早晚飞向水源，跟踪这些动物或昆虫的足迹，常常可以找到地下水源。

2. 根据植物生长情况寻找水源

观察有水"标志"的植物。生长着香薄、沙柳、马莲、金针（也称黄花）、木芥的地方，水位较高，且水质也好；生长着灰菜、蓬蒿、沙里旺的地方，也有地下水，但水质不好，有苦味或涩味。

初春时，若其他树枝还没发芽，独有一处树枝已发芽，说明此处有地下水；入秋时，同一地点其他树枝已经枯黄，而独有一处树叶不黄，此处有地下水；另外，三角叶杨、梧桐、柳树、盐香柏等植物只生长在有水的地方，在它们下面定能挖出地下水。

有些植物也可直接从中取水。在南方的丛林中，到处都有野芭蕉，这种植物芯含水量丰富，用刀将其从底部砍断，就会有干净的液体从茎中滴出。野芭蕉的嫩心也可食用，在断粮的情况下可以充饥。如果能找到葡萄藤、猕猴桃藤、五味子藤等藤本植物，也可从中获取饮用水。另外，在春天树木要发芽时，还可从山榆树等乔木的树干及枝条中获取饮用水。

3. 根据地形地势寻找水源

观察四周地形地势特征。一般四面高、中间低的掌心地，或三面高，中间或一面低呈簸箕形的地区，以及群山间的低洼地，很可能会找到水源。干涸的河床里，尤其是两山夹一沟的河床里常可找到水源。可选择河道转弯处外侧的最低处寻找，往下挖，直到发现湿沙子。表面潮湿的沙子，表明那

里是可挖浅水井的地方，由低洼处往下挖约 1 米左右，即可见水。

牧民废弃的牛羊圈附近常有他们用过的水源。凡是有水井的地方，当地牧民都习惯在附近山顶或地势较高处，用石头叠高作为标志，以示附近有水井。

4. 根据天气变化和气候情况寻找水源

春季解冻早的地方和冬季封冻晚的地方，以及降雪后融化快的地方，地下水位均较高；在炎热的夏季，地面总是非常潮湿，或在相同的气候条件下，久晒不干的地面下方的水位较高；在秋季，地表有水汽，凌晨常出现轻纱薄雾，晚上露水较重，且地面潮湿，说明地下水位高，水量充足；

在寒冷的冬季，地表面的缝隙处有白霜时，地下水位比较高。

清晨靠收集露水可缓解燃眉之急；天空出现彩虹的地方肯定有雨水；在乌黑、带有雷电的积雨云下面，定有雨水或冰雹，在有浓雾的山谷里定有水源。

二、野外采水方法

水源找到了，是否马上就能饮用呢？生活中除泉水和井水（地下深水井）可直接饮用外，无论是溪水、湖水、河水、雨雪水、露水，还是通过渗透、过滤、沉淀而得到的水，安全起见，最好将采集的水进行消毒处理后再饮用。方法如下。

准备一些工具，如矿泉水瓶或塑料瓶、沙石、活性炭（木炭也可）、布条、毛巾或棉纱类物品、剪刀或户外刀具等。

首先用刀具在瓶子上戳几个细孔，在瓶子底部放条毛巾，将细沙子、活性炭或木炭、沙石等铺在毛巾上，约3~4厘米厚即可，然后在最上层也铺一层布类物品，层数越多过滤效果越好，将野外采集的水通过自制的过滤器渗透，下端获取的过滤水即可饮用。

三、怎样鉴别有毒的水

在野外不是所有的水都能饮用，一定要进行鉴别。

一是看水的外观是否透明、清澈，闻一下是否有异味。

二看水中有没有小鱼、蝌蚪等水生物存活迹象，如有，则一般无毒。

三看水的来源，分清溪水、河水、湖水或天然雨水的类别，若汇集，一般都会有水生物；天然雨水汇集只要较清澈，周边无污染，且气味无异，就可饮用。

四看动物是否饮用。在荒漠地带，观察野禽、野兽在水源周边有没有留下踪迹，如有，亦可饮用。需要提醒的是，在我国西北部地区，常会发现一些看似平静的湖水，清澈见底，尝也无异味，但一旦加热，就会泛起一层白沫，这种水最好不饮用。

第四节　野外觅食技能

一、生存所需的营养

在野外环境中，什么情况都可能发生，比如断炊断粮，饥肠辘辘。遇此情况就需要靠自己储备的知识和技能，来获取可维系生命的食物或替代品。首先我们要掌握一些必要的营养学知识。什么是营养呢？简单讲，就是供给人类用于修补旧组织、生长新组织、产生新能量和维持生理活动所需要的合理食物。食物中可以被人体吸收利用的物质叫营养素。蛋白质、脂肪、碳水化合物、维生素、矿物质和水是人体所需的六大营养素。

（1）蛋白质。人体的血液、肌肉、神经、皮肤、毛发等都是由蛋白质构成的。动物蛋白质主要来自禽类、畜类、鱼类、蛋奶制品等，它是人体获取蛋白质的重要来源。植物蛋白质主要来自豆类、谷类、薯类、坚果、蔬菜、菌类等。在野外，我们最容易获取到的是植物蛋白。

（2）脂肪。它是组成人体组织细胞的一个重要组成部分，被人体吸收后供给热量，是人体能量供应的重要的贮备形式。脂肪有利于脂溶性维生素的吸收，维持人体正常的生理功能，体表脂肪可隔热保温，减少体热失散，支持和保护体内各种脏器，以及关节等不受损伤。脂肪的获取主要来自动物油脂、肥肉、奶油、火腿、腊肉、烤鸭、动物内脏等肉制品，以及植物油、大豆、花生、芝麻、瓜子等植物。

（3）碳水化合物。它是人体最主要的热量来源，发挥着促进脂肪、蛋白质在体内的代谢作用，主要从糖类、谷物类、干果类、根茎蔬菜类等当中摄取。

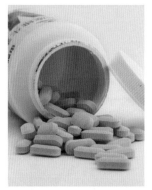

（4）维生素。它是维持人体正常生理功能必需的化合物，虽然不产生能量，但不可或缺。人体一旦缺失某种维生素，极易产生代谢紊乱，出现病理状态，形成维生素缺乏症。在野外因条件受限，可能吃不到蔬菜水果，服用复合型维生素片，即可补充人体所需。

（5）矿物质。它是人类不可缺少的又一类营养素，也被称为微量元素，如钙、磷、铁、锌、铜等。矿物质是构成人体组织的重要原料，发挥着调节体内酸碱平衡、肌肉收缩、神经反应等作用。

（6）水。它是一切生物赖以生存的必要条件，在人体中可以转运生命必需的各种物质，排除体内"垃圾"，促进体内化学反应，还可以通过水分蒸发调节体温,润滑骨关节、呼吸道及胃肠道,湿润干涩的眼睛。

二、野外食物获取

在野外饥肠辘辘的情况下，怎样才能找到可以充饥的食物呢？下面介绍几种野外容易获取的食物。

（一）坚果类食物

坚果类食物是野外生存最容易获取的食物，比如：

1. 栗子——树形及果实

找到毛栗子，先得找到树，它的树形和果实如图所示。

栗子树 　　　　　　　　　　　栗子

2. 榛子——树形和果实

榛子树 　　　　　　　　　　　榛子

3. 松仁——树形和果实

松树 　　　　　　　　　　　松仁

4. 杏仁——树形和果实

杏树 　　　　　　　　　　　杏仁

上述列举的几种坚果，大都是人工栽培植物，在野外能找到这些坚果，说明周围是有人烟的。

（二）菌类食物

在茫茫林海、辽阔草原、荒漠戈壁等地方，野生菌类就成了我们的美味，但要学会甄别，因为有些菌类是有剧毒的。以下是几种可食用的野生菌类。

马蘑菇　　　　　黑木耳　　　　　鸡油菌

牛肝菌　　　　　圣乔治蘑菇　　　　鸡腿菇

刺猬菌　　　　　松乳菇　　　　落叶松牛肝菌

（三）沙漠植物

在我国西北部地区，有着广袤的沙漠戈壁，对喜欢探险和挑战极限的"驴友"来说，极具诱惑力。但也最容易发生意外，我国著名科学家彭加木，就是在新疆罗布泊科考时，因迷失方向而走失的，至今下落不明。

　　沙漠戈壁并非寸草不生，一无所有，这里给大家介绍几种可食用的沙漠植物，关键时刻可以自救。

　　（1）白刺果，西北沙漠的绿色瑰宝，营养价值丰富，还有增强体质、提高人体免疫力的药效功能。

　　（2）沙葱，学名蒙古韭，西北、华北地区的人大都知晓，形状和味道如葱。现在市面上经常有售。

　　（3）羊角角，果实和花均可食，有淡淡的甜味。

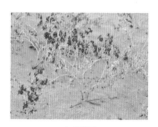  

白刺果　　　　　　　　　沙葱　　　　　　　　　羊角角

（四）热带植物

我国东南地区热带植物极其丰富，这里简单介绍几种。

　　（1）椰子，南方最为常见的树种。因为椰子树的树干极高，所以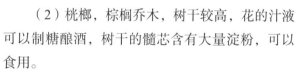很容易被发现。椰子肉和椰子汁均可食用。

　　（2）桄榔，棕榈乔木，树干较高，花的汁液可以制糖酿酒，树干的髓芯含有大量淀粉，可以食用。

　　（3）番木果实外形如瓜，因生于树上，故名木瓜。木瓜可以生食，也可以做菜。

　　（4）旅人蕉像棕榈，非常高大，叶片如扇子，果实如香蕉。

（五）海河产品

　　我国拥有长约 18000 千米的海岸线，海洋资源极其丰富。如果我们到海边工作或旅行，了解一些可食用的海滨食物，也是十分有益的。海滨食物不仅味道鲜美，而且营养价值不菲。如海藻类、贝类等，只要有潮起潮落，就能捡拾到这些海产品，在没有加工条件下，也可生吃。

1. 海藻类

海带

龙须菜

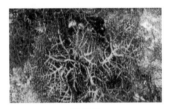
裙带菜

麒麟菜

2. 贝类

有田螺、生蚝、蛤蜊、扇贝、牡蛎、蛏子、海蚌、海瓜子等不胜枚举。当然，个别贝类有微毒，有条件最好蒸煮后食用。

3. 鱼类食物

我们在野外工作或户外活动中，常会不经意间来到江河湖水边，甚至索性支起帐篷，依水而居，领略远山苍茫，近水碧落，感受清风拂面，凉爽宜人，如果再能捕捉几条大鱼，燃起篝火来顿烧烤，会给我们的野外生活增添几许乐趣。

在我国的江河湖水中，最为常见的是青、草、鲤、鲢、鲫等五大鱼种。

需要提醒的是，我国野生鱼类资源丰富，但是随着环境的恶化和过度的捕捞，已经导致一些珍贵的鱼种濒临灭绝。所以我们在野外捕捞或垂钓前，首先要了解相关法规，濒危物种严禁捕获。杜绝采用"竭泽而渔"的方法获取一时的快乐。

青鱼

草鱼

鲤鱼

鲢鱼

　　下面，我们自己动手，掌握几种简单的捕鱼方法，增添我们野外生活的乐趣。同时，在缺少食物的情况下，也会延长我们等待救援的时间，甚至帮助我们脱困自救。

　　方法一：鱼叉

　　制作方法：找一段粗细适中的硬木头在中间劈开，形成一个十字口。将四个头削尖，放两个小树枝隔开。这样鱼叉头就制作好了，再找一根长点的树枝当手柄。用绳子把各个部分都扎紧，鱼叉完工。

　　方法二：截流法

　　操作方法：在河流的支汊处，或岸边的凹进处，用河泥或石块垒起一堵高出水面的墙，在水流上方处留出大约10~20厘米的开口，开口处挖出一个低于河底的槽床，在墙内撒一些树叶、花瓣、牛羊粪，能够散发特殊味道的东西最好。过段时间查看一遍，隔夜最好。如发现窝里有鱼，应迅速堵住入口。

方法三：震动法

在有石块的河流或小溪中，用棍棒猛力敲击石块，将一些喜欢栖息在石块下面的鱼类震昏漂出水面。这种方法不适用落差大、水流湍急的河流。

（六）鉴别有毒植物

我们在野外能见到各种奇花异草，但绝不能随意采摘和食用，很多奇花异草是有剧毒的，甚至不被我们所知还精心养护在家中。

（1）凤仙花，又名指甲花，含有促癌物质，忌食用。当然，用来染指甲是没事的。

（2）麦仙翁，此植物为田间杂草，在收获季节常与作物的种子混杂在一起，因而常造成人畜中毒。

（3）牵牛花，在田间地头最为常见，茎、叶、花都含有毒性，尤其是种子毒性最强。食用过量会引起呕吐、腹泻、腹痛与血便、血尿的情形。

凤仙花　　　　　　　麦仙翁　　　　　　　牵牛花

（4）夜来香，藤状灌木，夜间香气扑鼻故被称"夜来香"，多为盆栽观赏植物，但不宜放在室内，它的香气会使高血压和心脏病患者感到头晕目眩。

（5）相思豆，亦称红豆。分布于我国南方广东、广西、云南等地，为木质藤本，枝细弱，春夏开花，种子呈米红色。其根、叶、种子均有毒，种子毒性最强。

（6）黄色杜鹃，花中含有四环二萜类毒素，误食可引起呕吐、呼吸困难、四肢麻木等中毒症状。

夜来香

相思豆

黄色杜鹃

还有我们常见的植物，如蓖麻、水仙、含羞草、虞美人、一品红、香水百合、绿萝、滴水观音等，花名听上去仿佛是各个婀娜多姿的姑娘，但其实都是有毒植物。由此看来，"路边的野花不要采"还真是有道理的。

第五节　户外结绳技能

野外作业或户外活动，特别是登山、攀岩、探险等刺激性运动，常常需要借助绳索以达目标。所以，掌握一些结绳技巧，是十分必要的。

这里介绍几种常用的结绳方法和用途。

一、连续单结

这是欲紧急逃脱时使用的结，其特征是在一条绳子上连续打好几个单结。打法如图所示，但若不熟练的话，结与结之间很难做成等间隔。

方法：

二、称人结

称人结是一种古老且结构简单的结，可将绳子固定为一个绳圈，优点是容易拆解。一般认为它是一种稳固的结，因此常被用于称人、称物，有"绳结之王"的赞誉，在日常生活中频繁使用，也是户外运动最普遍使用的一种方法。

用途：当绳索系在其他物体或是在绳索的末端结成一个圈圈时使用。

特征：易结又易解、安全性高，用途广泛，形式多样。

方法一：①在绳索的中间打一个绳环；②将绳头穿过绳环的中间；③绕过主绳；④再次穿过绳环；⑤将打结处拉紧便完成。

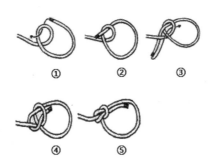

方法二：①将绳索交叉，用拇指和食指扣住交错处；②转动手腕，形成如图所示的形状；③最后参考方法一的要领来完成。

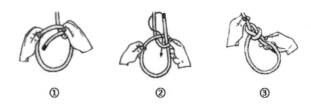

方法三：①用右手握住绕过身体位于腰部的绳索末端；②交叉绳索；③反扭手腕绕过；④形成右手在绳环内的形状；⑤用手指将绳头绕至主绳；⑥抓住绳头直至右手从圆圈中抽出来为止。

学会下面这种方法对野外露营有许多益处。

①用单结法将绳子绑在物体上；②拉住绳子的末端用力地朝着手腕方向拉；③就形成如图所示的形状；④将绳尾绕回主绳；⑤绳头穿过绳环；⑥拉紧打结处即可。

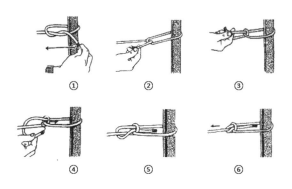

三、滑称人结

称人结的优势是打结易结又易解，而滑称人结更是其中的翘首，只要在结好绳的末端轻轻一拉，就能顺滑地解开此结。此种结法是在做好称人结后，利用它的尾端而打结成的。

用途：在吊运物体或是上下垂吊时，此方法是相当方便的结绳法。

例如，在岩场地区，上下吊运背包时就派得上用场。不管重量多重，绳结系得多紧，仍能轻松地解开。

方法：在绳子的末端留下足够的长度，打上称人结；将绳头如箭头的方向所示，将结拉紧。

① ②

四、活称人结

这是一种可以自由变换圆圈大小的绳结，将物体放入圆圈中，一拉绳子就可以很容易捆绑起来。活称人结构造简单、坚固易解，在野外常用此法吊送物资。

方法：①将绳子的一端结成如图形状；②将末端穿过绳环内；③运用称人结的结法，形成如图点 A 所示的圆圈，圆不宜太小；④完成后

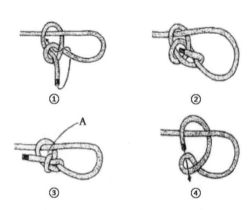

① ②

③ ④

将主绳穿过称人结的环内。如拉动主绳，绳环就会收紧。

五、双称人结

这种结法主要适用于急难救助、高台工作等场合。

方法：①将重叠成双条的绳子中间处做一个绳环，并从绳环内将末端拉出；②将拉出的末端穿进两个环中；③绕到后侧；④握住上方；⑤拉紧绳结后完成。如图⑥所示。此时，如将一绳环缩小，另一个则会变大。

样式：使绳索在胸前交叉，那么即使放开双手也不会翻转。

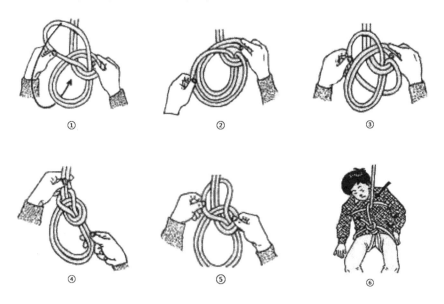

六、西班牙式称人结

在国外，船员和消防员必须学会这种结法，至今仍被广泛使用。与双称人结的结法相同，将脚伸入不同的圈内可以发挥支撑人体重量的功能。另外，对吊运物品也是极有用的。

西班牙式称人结可以结出几种绳结。这里仅介绍一种最易理解的方法。

　　方法：①做出如图两个相同大小的绳环；②分别扭转两个绳环；③将左边的绳环穿过右边的绳环；④按照箭头所示，分别将 A、B 两部分穿过圆内；⑤将其拉出并调整形状；⑥拉紧完成。

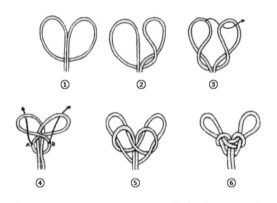

　　结绳方法还有很多种，这里不再一一赘述，有兴趣的朋友可以上网查询。

第四章　应急救助指南

野外生活首先要保障的就是安全，尽管我们在野外处处谨慎小心，但有时突发事件防不胜防，如何应对措手不及的突发事件，本章将重点介绍应对办法。

第一节　野外求生与营救措施

一、如何应对车祸

车辆在行驶过程中，驾驶员首先要精力充沛，注意力集中，车辆处于良好状态，遵守交规，确保行车安全。但是现实中由于人为因素、车辆状况、行车环境、异常天气等，发生意外的情况也不在少数，当异常情况出现时，如果采取正确的处理措施，冷静应对，将会有效避免事故发生和降低财产损失。

（一）刹车失灵

在行驶途中遇到刹车失灵状况，应立即换挡并启用手刹。同时脚从油门踏板上抬起，打开警示灯，换成低挡，慢慢制动手刹。切记不要猛拉手刹，逐渐用力，直至停车。如果来不及完成上面一系列动作，可以先从加油踏板抬脚，再换成低挡，然后制动手刹，除非确信车辆失去控制，否则不要用全力。小心驶离车道，将车停在远离公路的地方，最好是边坡，或者松软的上坡。如果车速通过人为操作无法实现有效控制，可让车辆间断性地冲撞路边的护栏、护墙，或者观察路况，在比较缓的路堤处驶离主线使车辆停止。

（二）撞车

车辆行驶中如果撞车
已无法避免，应保持冷静，
掌握好方向盘以便尽可能
将自己以及他人的损失降
到最低限度。安全带将阻止
你在紧急刹车时冲向挡风
玻璃。后排的乘客也应该双

臂夹胸、手抱头并向后躺，从而避开前排的靠背。

（三）跳车

车辆行驶中除非车辆即将冲下悬崖，留在车上必死无疑，否则不要
试图从急驶的车辆中跳出。如果环境允许，跳车前做好必要的准备：打
开车门，解开安全带，身体抱成团——头部紧贴胸前，脚膝并紧，肘部
紧贴胸侧，双手捂住耳朵，腰部弯曲，从车上滚出。要顺势滚动，不要
与地面硬碰硬。

（四）车辆落水

在车辆沉没之前若有
可能，应及早弃车逃亡，
第一时间松开所有的自动
门锁，解开安全带，车辆
在未充满水之前不会立即
沉没。外面的水压会使车
门很难打开，若有可能降
下车窗玻璃，从中逃出。

若汽车玻璃无法降下，应该尝试将车辆靠背的头枕取出，利用其铁质下
端将玻璃敲碎。在这种危急时刻，要尽量保持镇定，不要考虑任何财产。
当车内即将充满水，应做一次深呼吸，然后打开车门，屏住呼吸游出水面。

（五）汽车脱困方法

1. 湿地、沼泽、泥泞路汽车脱困方法

（1）在沼泽地带陷车后，先下车观察前后桥是否着地，若着地则
需要开挖、垫木板、支千斤顶，操作时边支千斤边回填，当轮胎直径在淤泥里剩余约四分之一后，再缓慢牵引或自行驶出。强行牵引会损坏车辆的悬架系统，严重者可能会拖掉前桥。

（2）当车辆下陷较深，用千斤顶将车体顶起时，由于车辆悬架伸缩性较大，车轮仍然陷在泥里，这时应使用登山绳或紧车器等将车身与轮毂固定在一起，然后再用千斤顶将车体顶起，再垫实车轮。垫实后取下千斤顶及绳索，采用低挡位起步，稳控加速板缓缓驶出。

（3）在泥泞路陷车脱困相对比较容易，如果陷车不深且有活动范围，可进退冲刺，如果无效则不能反复进退冲刺，否则会导致车辆越陷越深，应用铁锹挖或垫木板以及使用千斤顶、脱困器等辅助工具使车辆脱困。如果有同行车辆应尽早实施牵引，有绞盘的车辆使用绞盘来脱困。

2. 特殊情况下的自救

如果单是车在戈壁、湿地，带有绞盘车辆在荒漠陷车后，可利用绞盘和汽车备胎自救。利用绞盘必须将绞盘钢缆挂钩端固定在树木上或者固定在地上打下的地桩上，这样绞盘卷动后车辆便可向前移动，达到车辆脱困的目的。在戈壁滩、湿地不仅没有树木，甚至一块石头都没有，钢缆根本无法固定，即使钢钎打进地下，也无法满足要求。怎么办？这

里给大家介绍在没有固定绞盘钢缆的情况下，如何利用备胎自救的有效方法。

第一步：在陷车的正前方约 30 米处选择土质较硬的位置，挖一条略大于汽车备胎直径的沟槽，沟槽方向与钢缆牵引方向一致，深度略大于轮胎直径三分之一。

第二步：坑挖好后，将汽车备胎取出，将绞盘钢缆的挂钩固定在备胎上，然后将备胎放进挖好的沟槽内。

第三步：再将挖出的土填入坑内，必须用土将轮胎四周填实，轮胎上多盖一些土并踩实。在牵引前在车辆前轮下垫上木板，便于车辆前轮升起。

第四步：完成以上工作后可开动绞盘，绞盘应缓慢进行，缓慢牵引，防止用力过度损坏备胎。

第五步：车辆脱困后将备胎挖出来，如果人力无法取出备胎，利用车辆绞盘将备胎提出。

3. 沙漠地带陷车脱困

在沙漠陷车后与泥泞路不同，没有前后移动车辆冲刺的空间，不可置于低挡位急剧加速强行脱困，因为这样做不但无效而且车辆会越陷越深，应当先垫木板，再支千斤顶将车轮垫起。

二、如何应对暴风雪

冬季野外活动遭遇暴风雪时，应采取有效的应对措施，减少伤害和损失。如果被暴风雪围困，最好就待在原地，或躲在车里或帐篷里等待暴风雪过去，千万不要在风雪里乱闯。若多人在一起，绝不能让一个人出去求助，应一起等待暴风雪过去或等候营救。

在条件允许的情况下，可以不在原地等待，走上几千米的同时，也要打通报警和求援电话。告知对方需救援所在的位置、状况等信息，注意打通电话后关闭所有不用的服务，不要再频频通话，尽量保持手机电量，以便在关键时刻与外界联络。

在等待救援过程中，应注意做到以下几点。

（一）保持身体温度

如果开车遇到暴风雪，造成无法开动车，最好的避寒方式当然是躲在车内，裹紧衣服和棉被。等待救援期间，可以每隔一小时开动发动机或空调约十分钟，暖暖身体。不要持续开动发动机，以免因温暖舒适而打瞌睡，同时可以节省燃油，维持足够长的等待救援时间。

把车窗或帐篷关紧，待在车或帐篷里，把能够取暖的衣物尽量裹到身上保暖，防止冻伤。如果几个人在一起，就用彼此的体温互相取暖。若在车内，可打开引擎，开启热风来保温。如果排气管被雪堵塞，则不能一直开着引擎，防止一氧化碳中毒。

如果随身带有取火工具，可以捡一些树枝和木柴生火，以保持温暖，防冷防冻和防止体温流失。如果没有生火条件，就需要持续保暖。保暖的首要部位是头部，同时要保护好手指的温暖。另外，如果不得不在野外雪地过夜，则可以在背风的地点挖个雪洞，既可避身还可保暖。

（二）保持水分和体力

被困时必须保证水分，才能维持健康。如果没有带水，不要直接吃雪，那样对身体有害，可把雪融化后喝雪水。如果带了食物，把食物有计划地分成几份，尽量维持更长时间。

（三）暴风雪后自救

暴风雪停止，天气转好，观察确保没有危险时先活动一下身体，可以挖开汽车或帐篷周围的积雪。如果积雪过厚就只能等待救援。假如在公路上，需保持镇定，等待救援。如果在旷野中，可身着醒目的衣服或携带鲜艳颜色的标识，带上必要的物品走向路边或有人的地方寻求救援，亦可就近点燃篝火，一来保温，二来当求救信号。

（四）注意事项

在寒冷的环境中有的人认为抽烟和饮酒可以驱寒防冻，实际上这会适得其反。因为烟、酒会改变血液循环，从而降低体温。而且喝酒容易打瞌睡，一旦睡着，就容易冻伤。所以，被困雪中不要抽烟、喝酒。

被困雪中如果有导航仪或者能识别方向，而且路途不远，可以徒步行走到安全区。行走时适时休息，不要走到筋疲力尽才休息。休息时可以搓搓手、跺跺脚，按摩一下脸部。如果路途较远而且不易识别方向，那么，只有保暖和保存体能，等待救援，不可贸然行动。

三、如何应对洪水

在春秋季节，每年都有一些地方发生或大或小的水灾。开展野外工作或户外活动时，在多雨季节，容易遇到洪水、泥石流、塌方等自然灾害。

洪灾虽有前兆，但是一旦发生来势凶猛，而且洪灾时常伴有泥石流、山体滑坡等灾害，破坏性极强，破坏面积大，一旦发生很难及时施救，要

提前防范，提高警觉，避开易发生灾害地区。当我们在野外遇到洪水该如何自救呢？掌握正确的避险和自救知识是非常重要的。

（1）在野外，山洪暴发时如果来不及转移，要就近迅速向山坡、高地、避洪台等地转移，等候救援人员营救。

（2）被洪水困在山中，要设法尽快与当地政府救援部门取得联系，报告自己所处的方位和险情，积极寻求救援。

（3）不要沿着行洪道的方向跑，而要向两侧快速躲避；千万不要轻易涉水过河。假如非过河不可，尽可能找桥，从桥上通过。假如无桥，非涉水不可，不要选择最狭窄地方通过，要找水面宽的地方通过。在涉水时，要用竹竿或木棍等先试探前路，在起步前先扶稳，并要逆水流方向前进。

（4）如已被卷入洪水，要尽可能抓住固定的或能漂浮的东西，寻找机会逃生。

（5）洪水来势比较凶猛，如果遭遇洪水绝不能过多思考，第一时间赶紧逃离。向就近的高处区域、高大的树上躲避，远离易倒轻浮物体，防止洪水冲击自己被撞击，夜晚可以利用手电筒及火光发出求救信号，发现有救援人员或搜索人员时，

应及时呼救和挥动鲜艳的衣物发出求救信号。

（6）发生暴雨洪灾时不要在马路两侧行走，马路两侧地势低洼，容易积水，且洪水浑浊不易辨别路况。马路两侧也是下水井盖安放的地方，两侧都极有可能埋有下水管线及其他管道，当井盖子被洪水冲走或丢失时，一旦贸然踏入，就会伤及自身。在马路中央行走要时刻注意积水情况，及时判断可能存在的其他危险，如遇漩涡应绕行，防止落入井中。

（7）当驾车在野外道路上行驶时遇到洪水，一定要谨慎小心驾驶，观察道路情况，及时做出弃车逃命的准备。如果在洪水中出现车辆熄火现象，应立即弃车逃命，试图在车内避险是非常不明智选择。不要企图穿越被洪水淹没的公路，一旦被洪水围困极难脱身。

四、如何应对火灾

在林区、草原进行野外作业或活动时，应严格遵守《中华人民共和国消防法》和各级政府、各级消防部门制定的消防条例和规定，切实增强防火责任意识、安全意识和法治意识，预防火灾发生。在进行

野外活动时，常常有意外情况发生，比如由于天气或人为等原因遭遇火灾时，要沉着冷静，从容应对。熟悉野外火灾的逃生和自救知识，是很必要的。

（1）正确选择逃生路线，被火包围要选择顶风路线，不可选择顺风路线，大火随风向而来，要绕道避开火险。在逃生过程中，应尽量避免大声呼喊，防止烟雾进入口腔，还应采取用水、饮料打湿衣服捂住口腔和鼻孔，并采用低姿行走或匍匐爬行的方式，以减少烟气对人体的伤害。

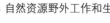
（2）寻找天然防火带，开阔平地可阻挡火势，河流是最好的防火带；在开阔地或荒地，火势较弱时，脱险的方式是快速奔跑，穿过火场，但火势强劲或者大火覆盖大片地域时，此法是下策。在穿越火场时要尽量用水把全身弄湿，遮住口鼻。

（3）无路可逃时，尽可能就地挖一个凹形坑，脱去化纤衣物，将铺上泥土的大衣或布料盖在身上，手曲成环状放在口鼻上以利呼吸，当火焰通过时，屏住呼吸。

（4）从火场中跑出并不意味着已经脱离危险。检查衣物，很可能随身衣物已经着火，应该迅速脱掉衣物，或者躺到地上慢慢滚动，还可以用水浇灭火。不要直立或奔跑，那样会使火烧得更旺。

火灾现场逃生十策

第一策：熟悉环境、铭记出口；
第二策：善用通道、勿入电梯；
第三策：不入险地、不恋财物；
第四策：保持镇静、迅速撤离；
第五策：火已烧身、切勿惊跑；
第六策：发出讯号、等待救援；
第七策：简易防护、不可缺少；
第八策：缓降逃生、滑绳自救；
第九策：争分夺秒、扑灭小火；
第十策：大火袭来、固守待援。

勿忘火警119——
危难时刻真朋友

发现有烧伤状况，可以先用棉球浸上肥皂水，轻轻拭去皮肤上的油渍、异物、污泥，再用盐水冲洗干净，除去已脱落的表皮，用纱布或清洁的衣服、手绢等轻轻进行包扎。

五、如何应对雷电

雷电一般产生于对流发展旺盛的积雨云中，因此常伴有强烈的阵风和暴雨，有时还伴有冰雹和龙卷风。积雨云顶部一般较高，可达20千米。云的上部以正电荷为主，下部以负电荷为主。因此云的上、下部之间形成一个电位差。当电位差达到一定程度后，就会产生放电，这就是我们常见的闪电现象。雷电可能产生许多危害，包括击穿绝缘使设备发生短路，导致燃烧、爆炸等直接灾害，被雷击物体发生爆炸、扭曲、崩溃、撕裂、金属融化、火灾、配电装置或电气线路断路而燃烧等现象导致财产损失和人员伤亡。

雷电应对方法有以下几种。

（1）在遇雷雨时，人不要靠近高压变电室、高压电线和孤立的高楼、烟囱、电杆、大树、旗杆等，更不要站在空旷的高地上或在大树下躲雨。

（2）在空旷的地方不要打雨伞，因为伞骨是金属制品，电场强度要集中些。在郊区或露天操作时，不要使用金属工具，如铁撬棒等，要蹲下来，且两脚并拢。

（3）不要穿潮湿的衣服靠近或站在露天金属商品的货垛上。

（4）雷雨天气时，在高山顶上应将手机关机，不能拨打手机。

（5）雷雨天气决不能在山顶或者高丘地带停留，更不要站在高处观赏雨景，应尽快躲在低洼处，或尽可能找房屋或干燥的洞穴躲避。

（6）要摘下金属架眼镜、手表、裤带，若是骑行应尽快离开自行车或摩托车，以免产生导电而被雷电击中。

（7）如遇雷雨天气，汽车是最好的"避雷所"，因为汽车如被雷击中，它们的金属构架会将电流导入地下，不会伤人。

六、如何应对沙尘暴

在西北地区，人们在野外有时会遇到沙尘暴天气，企图逃离的行为是徒劳的，也是最危险的。正确的应对方法有利于自身保护。

（1）立即寻找洼地或在灌木丛中藏身，或就近蹲在背风沙的矮墙处，或趴在相对高坡的背风处，用手抓住牢固的物体，并将衣服蒙在头上。

（2）在野外不要贸然行走，以免在能见度差的沙漠中迷路。常常与沙尘暴相伴的是狂风，不要在河、湖、沟畔行走，以免被吹到水中溺亡。

（3）不能在低洼处躲避，沙尘暴可以在低洼处堆积起数尺厚的沙尘，能把人埋没，对人员造成伤害。

（4）在背风处躲避时，应保持低坐，用衣服蒙住头部，降低肺部吸进沙尘的可能，避免风沙侵入身体。

（5）通常情况下，人的鼻腔、肺等器官对尘埃有一定的过滤作用，但沙尘暴这种极端天气现象带来的细微粉尘过多过密，极有可能使患有呼吸道过敏性疾病的人群旧病复发。

七、如何应对地震

在野外，如果遇到地震情况发生，首先不要惊慌，一般情况下地震会有十几秒，最多三十几秒的时间。要冷静判断震源中心的远近，如果只是感觉到左右摇晃，一般震源发生地较远；如果有上下颠簸，说明震源离你较近，应马上采取相应措施。掌握一定的知识，又能临震保持头脑清醒，就可能抓住这段宝贵的时间，成功地避震脱险。

（1）地震发生时，选择开阔地避震。蹲下或趴下，以免摔倒；避开山边的危险环境，如山脚、陡崖，陡峭的山坡、山崖，以防山崩、滚石、泥石流、滑坡等。

（2）遇到山崩、滑坡，要向与滚石前进方向垂直的方向跑，切不可顺着滚石方向往山下跑；也可躲在结实的障碍物下，或蹲在地沟中；特别要保护好头部。

（3）避开河边、湖边等危险环境，以防河岸坍塌而落水。不能站在水坝、堤坝上，以防垮坝或发生洪水。

（4）地震发生后，往往还有多次余震发生，处境可能进一步恶化。为了避免新的伤害，要克服恐惧心理，第一时间尽量改善自己所处环境，到达相对安全区域。

（5）正在驾车行驶时突然感觉到有地震，首先不要慌张，尽快减速停车，停车时一定要根据实地情况处理。不要将车停在桥上、河堤上，不要停在山体附近、不要停在有大山石或大树旁边，不要把车停在路中间，尽量选择开阔地停放。车停稳后下车观察周围情况并找一个相对安全的位置等待，不要滞留在车内。

（6）如果在地震中被困，遵循"保持呼吸畅通、保持存身空间、保持体力、维持生命"原则，坚信自己一定能活下来。在被困时，呼吸是最重要的，要保持呼吸的畅通，清除口鼻附近的灰土，让自己有充足的氧气。在保证安全的情况下，尽可能地移动身边的杂物，扩大自己的生存空间，等待救援。保持头脑的清醒，不要大声地哭喊，不要盲目行

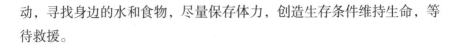

动，寻找身边的水和食物，尽量保存体力，创造生存条件维持生命，等待救援。

第二节　求救信号及特殊救援方式

野外环境复杂，各种灾害及突发事件无法预知，当野外活动遇险需要求救时，掌握一些正确的求救信号及方式尤为重要。

一、使用声音信号求救

可大声呼喊，或用木棒、石块等比较硬的东西进行敲打，按照国际救援信号标准，可采用三声短三声长，再三声短，间隔 1 分钟之后再重复的方式。哨子声音的作用会更明显，效果做好。

二、使用火焰及烟雾信号求救

燃放三堆火焰是国际通行的求救信号，将火堆摆成三角形，每堆之间的间距相等最为理想，这样布局也方便点燃。点燃信号火堆时，要考虑所在地理位置，如果在丛林中，最好找一片空旷地或者在溪水边；如果是在雪地中，尽可能将准备点火的地面积雪清理干净，火才不会被雪水浇灭。

白天，烟雾是良好的求救信号，在火堆上添加能散发烟雾的材料（树枝、树叶等），烟雾在空中比较容易看见，易引起人们注意，同时也能提供你的大概位置。黑夜中，火是最有效的信号手段，小心看护不要使它们熄灭。如果你是孤身一人，保持三堆火燃烧可能有点困难，那就保持一堆火持久燃烧。在雪地或沙漠中，想办法增加火势尽量产生深色浓烟，且能够升到相当的高度。

三、使用标志（信息）信号求救

　　当离开危险区域，一定要在你行走的线路上留下一些信号物或标志，以便让救援人员发现。地面信号物能够使救援人员了解你的位置和行动轨迹，有助于开展寻找和营救。如在行走过程中遇到困难需要返回时，留下的信号物或标志可以成为你的向导，以防迷路。

　　（1）将碎石摆成箭的形状。

　　（2）将棍棒支撑在树杈间，顶部指向行动的前进方向。

　　（3）在树枝上系上醒目的布条，布条长的一部分指向前进方向。

　　（4）用石块垒成一个石堆，在边上再放一个小石块指向行动方向。

　　（5）在树干上刻上箭头，指示行动方向。

四、使用反光信号求救

　　选择能反光的物品，如镜子、眼镜、手表、玻璃、罐头盒盖、金属刀片等材料都可以利用，使太阳照射发出反光信号。持续的反射将规律性地产生一条长线和一个圆点，这也是摩斯密码的一种。即使你不懂摩斯密码，随意反照，也会引起人们注意。

五、使用国际通用代码求救

　　"SOS"是国际通用的求救信号，许多人都认为"SOS"是三个英文词的缩写。其实，SOS是国际摩斯密码救难信号，并非是单词的缩写。当需要求救时，要根据自身的情况和周围的环境条件，使用反光片、手电筒、哨音等发送求救信号。发出的信号要足以引起人们的注意。一般情况下，重复三次的行为都象征寻求援助。

SOS 通用远程表达方式有以下几种。

方法一：一发出声响，三短、三长、三短（…———…）即摩斯电码。三短、三长、三短敲击声音是用间隔的长短来表示声音的长短，如敲—停 3 秒—敲—停 3 秒—敲—停 3 秒—表示三长，敲—停 1 秒—敲—停 1 秒—敲—停 1 秒—表示三短。

方法二：用灯光则是以亮的时间来表示声音的长短，如亮——灭——亮——灭——亮——灭，表示三长，亮—灭—亮—灭—亮—灭，表示三短。

方法三：在比较开阔的地面，比如，在草地、海滩、雪地上可以制作地面标志。如把青草割成一定标志图案，或在雪地上踩出求救标志，也可用树枝、海草等拼成标志信号，与空中取得联络。

六、特殊救援方式

随着我国经济发展和人民生活水平的不断提高，汽车保有量也在快速增长，堵车已经成为一种常态现象。一旦发生重大事故，伤员生命垂危，若因道路拥堵导致救援车辆无法通行，延误医治的代价可能就是生命的逝去。"时间就是生命"。不管对于城市还是户外突发状况来说，直升机能更快速到达事故现场，实施搜索救援、物资运送、空中指挥等工作。空中救援响应速度快、机动能力强、救援范围广、救援效果好，已成为补充常规救援的一种较为有效和重要的救援方式。

目前我国空中救援体系逐渐完善，除青海、新疆以及西藏部分区域以外，已经做到了全覆盖。在发生紧急状况，需要直升机救援的情况下，医疗主管部门和军民航的管制部门遵循生命救助"黄金 1 小时"原则，将紧急救援定为优先等级，基本上实现随报随批，一般 15~30 分钟内可以起飞（符合适航条件）。

第三节 户外救助措施

户外活动会不可避免地出现意外伤害情况，止血、包扎、固定、搬运是外伤救护的四项基本技术。

一、心肺复苏

心肺复苏就是对于心跳呼吸骤停，采取人工的胸外按压配合人工呼吸的方法，帮助患者进行循环和呼吸。户外活动遇到队友呼吸骤停的紧急情况时，开放气道、人工呼吸、心脏按压是救护的三大重要步骤。

心肺复苏适用于以下情况：窒息、煤气中毒、药物中毒、呼吸肌麻痹、溺水及触电等急救。一般情况下，心脏骤停超过 4~6 分钟，易造成脑细胞永久性损伤，甚至导致死亡。因此急救必须及时迅速。

具体救护步骤：

（1）判断意识：首先呼唤和轻拍受伤队友，察看有无反应，判断队友意识状况。

（2）救护体位：对于意识不清、呼吸急促者，应将其放置仰卧位（脸朝上），放在坚硬的平面上。

（3）打开气道：当判断队友无意识时，用最快的时间，先将队友衣服衣领解开，用手帕或毛巾等物品抠出病人口鼻内的污泥、土块、痰、呕吐物等异物，然后一手压着病人的前额，另一手托起病人的下巴，两手同时用力使头后仰，打开呼吸道，保持呼吸道畅通。

（4）人工呼吸：先检查队友呼吸，用耳听口鼻的呼吸声，用眼看胸部或上腹部呼吸起伏等。如果胸廓没有起伏，也没有气体呼出，即判断为呼吸骤停，应立即给予人工呼吸。一手捏住鼻孔两侧，另一手托起下巴，深吸一口气，用口对准队友的口吹入，吹气停止后放松鼻孔，让队友从鼻孔出气。依此反复进行，成年患者每分钟 14~16 次，每次吹气量约 500~1000 毫升，同时要注意观察队友的胸部，操作正确应能看到胸部有起伏，并感到有气流逸出。

（5）胸外心脏按压：先吹两口气后，观察队友心跳情况，无心跳立即实施胸外心脏按压。抢救者左手掌根放在病人的胸骨中下半部，右手掌叠放在左手背上。手臂伸直，利用身体部分重量垂直下压胸腔 3~5 厘米，然后放松。放松时掌根不要离开患者胸腔，挤压要平稳、有规律，切忌冲击猛压。频率为每分钟 80~100 次。

（6）在实施胸外心脏按压的同时，交替进行人工呼吸。心脏按压与人工呼吸的比例：按国际急救标准，无论单人或双人抢救均为 30∶2，即口对口先吹两口气后，再按压 30 下，再口对口吹两口气，再按压 30 下，以此类推。

二、止血办法

（一）出血的种类

出血可分为外出血和内出血两种：外出血——体表可见到。血管破裂后，血液经皮肤损伤处流出体外。内出血——体表见不到。血液由破裂的血管流入组织、脏器或体腔内。

根据出血的血管种类，还可分为动脉出血、静脉出血及毛细血管出血三种。

（1）动脉出血——血色鲜红，出血呈喷射状，与脉搏节律相同，危险性大。

（2）静脉出血——血色暗红，流血较为缓慢，呈持续状，不断流出，危险性较动脉出血少。

（3）毛细血管出血——血色鲜红，血液从整个伤口创面渗出，一般不易找到出血点，伤口常可自动凝固而止血，危险性小。

（二）失血的表现

一般情况下，一个成年人失血量在500毫升时，没有明显的症状。当失血量在800毫升以上时，伤者会出现面色、口唇苍白，皮肤出冷汗，手脚冰冷、无力，呼吸急促，脉搏快而微弱等。当出血量达1500毫升以上时，会引起大脑供血不足，伤者出现视物模糊、口渴、头晕、神志不清或焦躁不安，甚至出现昏迷症状。

（三）外出血的止血方法

（1）指压止血法。是一种简单有效的临时性止血方法。它根据动脉的走向，在出血伤口的近心端，通过用手指压迫血管，使血管闭合而达到临时止血的目的，然后再选择其他的止血方法。指压止血法适用于头、颈部和四肢的动脉出血。

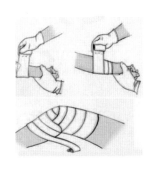

（2）加压包扎止血法。是急救中最常用的止血方法之一。适用于小动脉、静脉及毛细血管出血。

方法：用消毒纱布或干净的手帕、毛巾、衣物等敷于伤口上，然后用三角巾或绷带加压包扎。压力以能止住血而又不影响伤肢的血液循环为合适。若伤处有骨折时，须夹板固定。关节脱位及伤口内有碎骨存在时不用此法。

（3）加垫屈肢止血法。适用于上肢和小腿出血，在没有骨折和关节受伤时可采用。

（4）止血带止血法。当遇到四肢大动脉出血，使用上述方法止血无效时采用。常用的止血带有橡皮带、布条止血带等。不到万不得已时，不要采用止血带止血。

三、包扎方法

常用的包扎材料有绷带、三角巾、四头带及其他临时代用品（如干净的毛帕、毛巾、衣物、腰带、领带等）。绷带包扎一般用于支持受伤的肢体和关节，固定敷料或夹板和加压止血等。三角巾包扎主要用于包扎、悬吊受伤肢体，固定敷料，固定骨折等。

常用的包扎法有以下几种。

（一）环形绷带包扎法

此法是绷带包扎法中最基本的方法，多用于手腕、肢体、胸、腹等部位的包扎。

方法：将绷带做环形重叠缠绕，最后用扣针将带尾固定，或将带尾剪成两头打结固定。

注意事项：

（1）缠绕绷带的方向应从内向外，由下至上，从远至近。开始和结束时均要重复缠绕一圈以固定。打结、扣针固定应在伤口的上部，肢体的外侧。

（2）包扎时应注意松紧度。不可过紧或过松，以不妨碍血液循环为宜。

（3）包扎肢体时不得遮盖手指或脚趾尖，以便观察血液循环情况。

（4）检查远端脉搏跳动，触摸手脚是否发凉等。

（二）三角巾包扎法

三角巾全巾：将三角巾全幅打开，用于包扎或悬吊上肢。

三角巾宽带：将三角巾的顶角折向底边，然后再对折一次，用于下肢骨折固定或加固上肢悬吊等。

三角巾窄带：将三角巾宽带再对折一次。可用于足、踝部的"8"字形固定等。

四、骨折固定

（1）要注意伤口和全身状况，如伤口出血，应先止血，包扎固定。如有休克或呼吸、心脏骤停者，应立即进行抢救。

（2）在处理开放性骨折时，局部要进行清洁消毒处理，用纱布将伤口包好，严禁把暴露在伤口外的骨折端送回伤口内，以免造成伤口污染和再度刺伤血管和神经。

（3）大腿、小腿、脊椎骨折的伤者，一般应就地固定，不要随便移动伤者，不要盲目复位，以免加重损伤程度。

（4）固定骨折所用的夹板长度与宽度要与骨折肢体相称，其长度一般应超过骨折上、下两个关节为宜。

（5）固定用的夹板不应直接接触皮肤。在固定时可用纱布、三角巾垫、毛巾、衣物等软材料垫在夹板和肢体之间，特别是夹板两端、关节骨头突起部位和间隙部位，可适当加厚垫，以免引起皮肤磨损或局部组织压迫坏死。

（6）固定松紧度要适宜，过松达不到固定的目的，过紧则影响血液循环，导致肢体坏死。固定四肢时，要将指端露出，以便随时观察肢体血液循环情况。如发现手脚指苍白、发冷、麻木、疼痛、肿胀、甲床青紫时，说明固定、捆绑过紧，血液循环不畅，应立即松开，重新包扎固定。

（7）对四肢骨折固定时，应先捆绑骨折处的上端，后捆绑骨折处的下端。若捆绑次序颠倒，则会导致再度错位。上肢固定时，肢体要弯曲着绑（屈肘状），下肢固定时，肢体要伸直绑。

五、搬运伤者

常用的搬运伤者方法有徒手搬运和担架搬运两种。徒手搬运法适用于伤势较轻且运送距离较近的伤者，担架搬运适用于伤势较重，不宜徒手搬运，且转运距离较远的伤者。

（1）移动伤者时，首先应检查伤者的头、颈、胸、腹和四肢是否有损伤，如果有损伤，应先做急救处理，再根据不同的伤势选择不同的搬运方法。

（2）伤情严重、待救助路途遥远的伤病者，要做好途中护理，密切注意伤者的神志、呼吸、脉搏以及伤势的变化。

（3）上止血带的伤者，要记录上止血带和放松止血带的时间。

（4）搬运脊椎骨折的伤者，要保持伤者身体的固定。颈椎骨折的伤者除了身体固定外，还要有专人牵引固定头部，避免移动。

（5）用担架搬运伤者时，一般头略高于脚，休克的伤者则脚略高于头。行进时伤者的脚在前，头在后，以便观察伤者情况。

（6）无论使用何种人力、器材搬运伤者均需要固定，防止晃动使伤者再度受伤。

六、肌肉损伤

肌肉拉伤是野外作业和户外活动中常有的现象，大多是因热身活动不到位、运动过量或外伤未愈造成的，如果处理不当且继续运动，可能

升级为肌纤维撕裂，进而发展为肌肉断裂，恢复起来难度就大了。很多人肌肉拉伤一开始以为自己仅仅是运动过量产生的肌肉酸痛，误判伤情导致丧失最佳恢复期，以至留下后遗症。

如何鉴别是肌肉损伤呢？牵拉受伤部位肌肉，如果疼痛感加重，那说明可能肌肉出现了拉伤；如果牵拉该部位肌肉，疼痛有所减轻，那可能仅仅是肌肉酸痛；如果是剧烈的、针刺般的疼痛，同时肌肉收缩功能会明显受限，让人没法继续运动下去，就是肌纤维撕裂了。

（一）肌肉损伤的原因

（1）准备活动不充分。肌肉的生理机能尚未达到剧烈活动所需要的状态就参加剧烈活动。

（2）体质较弱，肌肉平时锻炼较少，肌肉缺乏弹性、伸展性和弹力，疲劳或负荷过度。

（3）运动技术低，姿势不正确，动作不协调，用力过猛，超过了肌肉活动的范围。

（4）运动环境气温过低，湿度太高或极度寒冷等。

（二）治疗恢复方法

1. 冰敷

最好在第一时间进行冰敷治疗，既可以减轻疼痛和痉挛，减少酶的活性因子，同时又可以减少机体组织坏疽的产生，还能控制肿胀，阻碍局部供血，

减少受损组织的出血量，使损伤范围不再扩大。

2. 包扎

包扎的主要作用仍然是控制肿胀，局部加压包扎可减少受损组织继续出血，使损伤不再扩大。冰敷后用弹性绷带适当用力包扎损伤部位，防止肿胀。此时最好让肌肉在伸展的状态下包扎固定，以防影响肌肉收缩。

3. 抬高患肢

伤势较严重者要抬高伤肢，同时可服用一些止疼或止血类药物。抬高患肢是利用重力作用使伤肢高于心脏，促使静脉回流。

七、食物中毒

野外活动中有可能误食毒蘑菇、毒野菜，或食用变质的食物导致中毒。食物中毒后第一反应往往是腹部的不适。中毒者首先会感觉到腹胀，一些患者还会腹痛，个别的还会发生急性腹泻。与腹部不适伴发的还有恶心，随后会发生呕吐等情况。在野外尽量不要吃野生的菌类和无法分辨的植物等。食物中毒的症状及自救措施有以下几种。

1. 如何判断食物中毒

判断食物中毒主要有四条标准。

（1）短时间内大量出现相同症状的病人。

（2）有共同的进食史。

（3）不吃这种食物不发病。

（4）停止供应该种食物后中毒症状不再出现。食物中毒一般在用餐后 4~10 小时发病，高峰期出现在用餐后 6 小时左右。

2. 发生食物中毒如何处理

一旦有人出现上吐、下泻、腹痛等食物中毒症状，首先应立即停止食用可疑食物，同时，立即拨打 120 急救。在急救车到来之前，可以采取以下自救措施。

（1）催吐：对短时中毒而无明显呕吐者，可用手指、筷子等刺激其舌根部的方法催吐，或让中毒者大量饮用温开水并反复自行催吐，以减少毒素的吸收。经大量温水催吐后，呕吐物已为较澄清液体时，可适量饮用牛奶以保护胃黏膜。如在呕吐物中发现血性液体，则提示可能出现了消化道或咽部出血，应暂时停止催吐。

（2）如果病人吃下中毒食物的时间较长（超过两小时），而且精神较好，可采用服用泻药的方式，促使有毒食物排出体外。

八、毒蛇（虫）叮咬

野外活动容易被毒蛇（虫）咬伤。一旦被毒蛇（虫）咬伤后，不必惊慌，可以自行简单处理伤口，及时前往医院就诊。很多人被毒蛇（虫）咬伤后，往往不以为意，用清水进行冲洗，不仅效果不好，还会扩大中毒面积，毒汁会顺着血液、淋巴进入人体各部位。通常被咬部位会出现红肿、疼痛、皮疹现象，严重者甚至出现呕吐、过敏性休克等症状，因此，预防毒蛇（虫）叮咬尤为重要。预防毒虫、毒蛇咬伤可根据野外情况穿戴好防护手套和靴鞋。

（一）毒蛇咬伤

蛇毒的成分是一种复杂的混合物，具有明显的细胞毒、神经毒、血

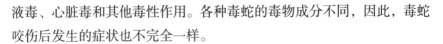

液毒、心脏毒和其他毒性作用。各种毒蛇的毒物成分不同,因此,毒蛇咬伤后发生的症状也不完全一样。

1. 被毒蛇咬伤的中毒症状

(1)神经毒:侵犯神经系统为主,局部反应较少,会出现脉弱、流汗、恶心、呕吐、视觉模糊、昏迷等全身症状。

(2)血液毒:侵犯血液系统为主,局部反应快而强烈,一般在被咬后 30 分钟内,局部开始出现剧痛、肿胀、发黑、出血等现象。时间较久,还可能出现水泡、脓包,全身会有皮下出血、尿血、咳血、流鼻血、发烧等症状。

(3)混合毒:同时兼具上述两种症状。

2. 自救急救方法

(1)保持冷静:被蛇咬伤后,如果在蛇两排咬痕的顶端有两个特别粗而深的牙痕,即说明是被毒蛇咬伤,应立即采取紧急措施,千万不可以紧张,乱跑奔走求救,这样会加速毒液散布。尽可能辨识咬人的蛇有何特征,不能让伤者饮用酒、浓茶、咖啡等兴奋类饮料。

(2)立即缚扎:用止血带缚于伤口近心端上 5~10 厘米处,如果无止血带可用毛巾、手帕或撕下的布条代替。扎敷时不可太紧,松紧程度应可通过一指,以能阻止静脉和淋巴回流不妨碍动脉流通为原则,每两小时放松一次即可,每次放松 30 秒至 1 分钟。如果伤处肿胀迅速扩大,要检查是否绑得太紧,绑的时间应缩短,放松时间应增多,以免组织坏死。

(3)冲洗、切开伤口,适当吸吮:有条件时先用食盐水或蒸馏水冲洗伤口,必要时亦可用清水或茶水冲洗,然后用消毒刀片将伤口切开呈十字形，用口吸吮将毒血吸出，但要注意施救者口腔内不能有伤口和溃疡，若口腔内有伤口可能引起中毒。服用蛇药片或将蛇药片用清水溶成糊状涂在创口四周。

（4）立即送医：无条件时也可用火柴、烟头烧灼伤口破坏蛇毒，并迅速送往有救治经验的医院抢救，接受进一步治疗。

3. 如何预防

（1）在戈壁沙漠等地露宿应点燃篝火；林区、蛇区应穿厚靴子并用厚帆布绑腿。

（2）夜行应持手电筒照明，用竹竿在前方左右打草惊蛇，将蛇赶走。

（3）野外露营时应将附近的长草、泥洞、石穴清除，以防蛇类躲藏。

（4）平时应熟悉各种蛇类的特征及毒蛇咬伤急救法。

（二）被毒虫咬伤的中毒症状及自救措施

（1）被蝎子蜇伤的处理：蝎子尾巴上有一个尖锐的钩，与一对毒腺相通。蝎子蜇人，毒液即由此流入伤口。蜇伤如在四肢，可在伤部上方绑缠止血带，拔出毒钩，用碱性液体如稀释后的苏打水清洗伤口，将明矾研碎用米醋调成糊状，涂在伤口上。必要时切开伤口，抽取毒汁。

（2）被蜂蜇伤的处理：被蜂蜇伤后会引起红肿或起小水泡，大黄蜂毒性更强。在处理方法上，首先拔出刺入皮下的毒针，再涂 10% 的氨水止痛，也可敷中草药，如马齿苋、夏枯草、野菊花叶等任选一种捣烂敷于伤患处。

（3）被蚂蟥叮咬的处理：被旱蚂蟥咬住后，不要惊慌失措地使劲拉，可用手掌或鞋底用力拍击，经过剧烈的震打后，蚂蟥的吸盘和颚片会自然放开。蚂蟥很怕盐，在它身上撒一些食盐或者滴几滴盐水，它就会立刻全身收缩而跌下来。

（三）野外小常识

昆虫叮咬的防治：在野外为防止昆虫叮咬，应穿长衣、长裤，扎紧袖口、领口，皮肤暴露部位涂搽防蚊药。不要在潮湿的地方和草地上坐卧。宿营时，燃烧点着艾叶、青蒿、柏树叶、野菊花等驱赶昆虫。被昆虫叮咬后，可用氨水（尿液）、肥皂水、盐水、小苏打水、氧化锌软膏涂抹患处止痒消毒。

遇到蚂蟥叮咬时，不要硬拔，可用手沾上唾液把它拍下来或用烟头烫，切记不要手扯，让其自行脱落，然后贴上"创可贴"即可。在蚂蟥常出没的地带，应将裤脚扎紧，在脚上、手上涂一些有刺激气味的药品，也可以有效地防止蚂蟥叮咬。此外，将大蒜汁涂抹于鞋袜和裤脚，也能起到驱避蚂蟥的作用。

戈壁沙漠里常有土鳖子，若被其叮咬，用手轻轻拍打被叮咬处附近的肌肉或用点燃的烟来回熏烤，土鳖子就会自行脱落。不能用手硬拔，否则土鳖子的头部会留在被叮咬的躯体里。若土鳖子已钻进肌肉里，也不必惊慌，迅速用手捏住已接触虫子部位的肌肉，用小刀割开取出虫子。若土鳖子钻进阴囊、肛门时，必须尽快去医院治疗。

九、昏厥、中暑和冻伤

（一）昏厥

在野外昏厥多是由摔伤、疲劳过度、饥饿过度等原因造成的。主要表现为脸色突然苍白，脉搏微弱而缓慢，逐渐失去知觉。遇到这种情况，不必惊慌，一般过一会儿便会苏醒。醒来后应喝些热水，并注意休息。如果是恶心、呕吐、腹泻、胃疼、心脏衰竭等症状，首先要洗胃，快速喝大量的水，用指触咽部引起呕吐，然后吃蓖麻油等泻药清肠，再吃解毒药及其他镇静药，多喝水以加速排泄。为保证心脏正常跳动，应喝些糖水、浓茶，并暖脚，立即送医院救治。

（二）中暑

中暑的症状是突然头晕、恶心、昏迷、无汗或湿冷，瞳孔放大，发高烧。发病前常感口渴头晕，浑身无力，眼前阵阵发黑。此时，应立即移至阴凉通风处平躺，解开伤者衣裤使其全身放松，再服十滴水、仁丹等药。发

烧时可用凉水浇头或冷敷散热。如果昏迷不醒，掐人中穴，使其苏醒。

（三）冻伤

轻度冻伤用辣椒泡酒涂擦便可见效。全身身体冻僵，不要立即将伤者抬进温暖的室内，应先摩擦肢体，用手或干燥的绒布摩擦伤处，促进血液循环，做人工呼吸，待伤者恢复知觉后，再到较温暖的地方抢救。

十、触电雷击

一旦发现同伴触电，不能直接去触碰触电者的身体，不要慌张地直接去救援。首先需切断电源，无法关断电源时，可以用木棒、木板等将电线挑离触电者身体。

当有人员发生雷击时，应积极进行现场抢救。如果触电者出现呼吸、心跳停止现象，可进行人工呼吸和心肺复苏抢救，同时检查一下

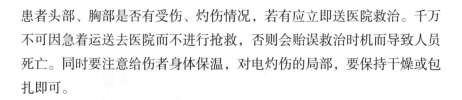

患者头部、胸部是否有受伤、灼伤情况，若有应立即送医院救治。千万不可因急着运送去医院而不进行抢救，否则会贻误救治时机而导致人员死亡。同时要注意给伤者身体保温，对电灼伤的局部，要保持干燥或包扎即可。

十一、痉挛抽搐

痉挛抽搐是肌肉突然紧张，不自主抽搐的一种症状。也可以理解为肌肉出现强烈的收缩、颤动，且不受意志控制，是一种无意识的行为。突然出现的抽搐会给患者带来很大的痛苦，还很可能造成窒息、撞伤等严重后果。对于抽搐的患者，应采用以下方法来急救。

（1）松解衣物。出现抽搐要立即将病人平放，将患者的面部冲向身体的一侧。然后将其身上的衣物尽量松开，比如，腰带、衣扣、领带等。

（2）出现抽搐的患者，通常在其咽喉以及口鼻都会有分泌物或是呕吐物，需要快速地清除异物，以保证患者呼吸通畅，否则很有可能出现窒息。还要用手绢之类的东西，卷好放在患者的齿间，以防患者咬伤自己的舌头。

（3）腿抽筋大多出现在小腿和脚心上，通常是因为体能消耗过大而导致的体内盐分不足或运动量突然增大，以及突然浸入温度很低的水中引起的。在户外活动时，尽量根据体能量力而行，不要忽快忽慢地行走；在必须下水涉渡过河的时候，必须充分热身，绝对不能一身大汗就突然下水。

若步行抽筋了，必须让患者平躺或坐在地上，伤肢伸直，反压脚掌（重点是大脚趾）。另一只手用力掐揉抽筋处，注意掐揉抽筋的地方会很疼。

小腿抽筋严重的话，可能会导致内曲。注意不要粗暴地拉直腿，应掐揉抽筋处，待缓解后再舒展肢体，直至拉直伤肢。

抽筋缓解后，要缓慢地放开压脚掌的手。如果患者仍抽筋，则继续压紧，再次掐揉抽筋处，直到完全放松，不再抽筋为止。

抽筋处理后，给患者补充些许淡盐水，并休息十分钟左右，后续行进注意体能分配，通常不会再次发作。

十二、溺水救护

溺水是指大量水液被吸入肺内，引起人体缺氧窒息的危急病症。溺水者面色青紫肿胀，眼球结膜充血，口鼻内充满泡沫、泥沙等杂物。部分溺水者可能因大量喝水入胃，出现上腹部膨胀。多数溺水者四肢发凉，意识丧失，重者心跳、呼吸停止。

（一）不会游泳者的溺水自救

落水后不要惊慌，一定要保持头脑清醒。冷静地采取头顶向下，口向上方，将口鼻露出水面，此时就能进行呼吸。呼气要浅，吸气要深，尽可能使身体浮于水面，以等待他人抢救。切记千万不能将手上举或拼命挣扎，因为这样反而容易使人下沉。

（二）会游泳者的溺水自救

会游泳者溺水一般是由于小腿腓肠肌痉挛所致。自己将身体抱成一团，浮上水面。深吸一口气，把脸浸入水中，将痉挛（抽筋）下肢的拇趾用力向前上方拉，使脚拇指跷起来，持续用力，直到剧痛消失，抽筋自然也就停止。一次发作之后，同一部位可能再次抽筋，所以对疼痛处要充分按摩并慢慢游向岸边，上岸后最好再按摩和热敷患处。如果手腕肌肉抽筋，自己可将手指上下屈伸，并采取仰面位，以两足游泳。

（三）施救溺水者

对筋疲力尽的溺水者，施救者应从头部接近溺水者。对神志清醒的溺水者，施救者应从背后接近，用一只手从背后抱住溺水者的头颈，另一只手抓住溺水者的手臂游向岸边。如施救者游泳技术不熟练，则最好携带救生圈、木板或用小船进行救护，或投下绳索、竹竿等，使溺水者握住再拖带上岸。施救时要注意，防止被溺水者紧抱缠身而双双发生危险。如被抱住，不要相互拖拉，应放手自沉，使溺水者手松开，再进行救护。

（四）溺水者岸上急救

岸上急救的目的在于迅速恢复溺水者的呼吸和心跳。急救及时，方法正确，可使溺水者转危为安，但若错过最佳急救时机，则可能前功尽弃。

（1）开通气道：将溺水者救上岸后，立即解开溺水者的衣服和腰带，清除溺水者口鼻淤泥、杂草、呕吐物等，如有活动假牙应取出，以免坠入气管内。如发现溺水者喉部有阻塞物，则将溺水者脸部转向下方，在其后背用力一拍，将阻塞物拍出气管。如溺水者牙关紧闭，用两手拇指顶住溺水者的下颌关节用力前推，同时用食指和中指向下扳开其下颌骨，将口掰开。为防止已张开的口再闭上，可将小木棒放在溺水者上下牙之间。使头颈后伸，打开气道，有条件者给予吸氧。

（2）控水：救护人员一腿跪地，另一腿屈膝，将溺水者俯卧于屈膝的大腿上，借体位迫使吸入呼吸道和胃内的水流出，时间以1分钟为宜。

（3）心肺复苏：使溺水者恢复心跳、呼吸的关键步骤，应不失时机尽快施行，且不要轻易放弃努力。

附　录

附录一　环境保护指南

党的十九大报告指出："坚持人与自然和谐共生。建设生态文明是中华民族永续发展的千年大计。必须树立和践行绿水青山就是金山银山的理念，像对待生命一样对待生态环境，统筹山水林田湖草系统治理，实行最严格的生态环境保护制度，建设美丽中国，为人民创造良好生产生活环境，为全球生态安全做出贡献。"作为与大自然亲密接触的野外工作者和户外爱好者，更应该树立强烈的环保意识。因为我们必须承认，户外活动不可避免地会破坏或改变当地的生态自然，而且在短时间内很难恢复。如果我们的户外活动总是以牺牲环境为代价，必然会引起全社会的关注，引发强烈谴责。

户外活动的最高境界，是在享受自然馈赠的同时，努力保持自然的原貌，把"绿水青山"完整地留给后人，这是每位户外爱好者不可推卸的责任。只有牢固树立绿色环保理念并身体力行的人，才有资格参加户外活动，否则这种活动是不可持续的，甚至是不该提倡的。

但随着户外运动俱乐部如雨后春笋般地大量涌现，户外行业的迅猛发展，参与户外活动的人数正在急剧增加，确实给原本脆弱的生态环境带来了巨大压力，为户外活动可持续发展埋下隐患。

那么，户外活动对自然生态环境有哪些影响呢？据有关学者研究，户外活动对生态环境主要构成以下影响。

一是对地表土壤的影响。被人践踏后的地表，会导致土壤裸露。经过雨水洗涤，不仅改变了土壤的外部形态，造成水土流失，还改变了自然景观的面貌，影响了景观原有价值。此外，户外活动中被扔掉并遗留的有机物质如塑料瓶、塑料袋、易拉罐等垃圾，都会影响土壤结构，进而影响微生物在土壤中的活动。

二是对植物的影响。在户外活动中，踩踏植被、采摘植物、野外宿营、燃起篝火等都会对植物产生破坏和伤害。据专家研究，篝火不仅破坏地表植被，还会毁灭地表以下 10 厘米范围内所有微生物。

三是对动物的影响。大自然是野生动物的"庇护所"和栖息地。野外活动有时会有意或无意间影响野生动物的生活和繁衍，甚至个别"驴友"以围猎野生动物为乐趣，甚至追杀野生动物，严重威胁到野生动物的生命安全。

四是对水体环境的影响。水上运动会对鸟类、鱼类以及浮游生物产生影响。水源一旦产生严重污染，会对水体生物链构成严重威胁。

五是对大气环境的影响。如篝火释放的烟尘、排放的二氧化碳、丢弃的腐蚀垃圾等都会影响所在地的大气环境。

在我们理解了户外活动可能对环境带来的伤害后，如何才能做到不伤害生态环境，尽可能保持环境的原貌，在户外活动中应该怎么做？

最重要的是，我们要知法懂法，自身做到遵纪守法，并学会用法律武器来保卫我们的生态环境。

一、了解环境保护法规

我国已进入依法治国新时代，作为自然资源部系统的工作者，其岗位职责就对"山水林田湖草"负有监管责任，更应该成为遵纪守法的模范，当好生态文明建设的"守护神"。

近年来，围绕环境保护国家相继出台了一系列法律法规，诸如《中华人民共和国环境保护法》《中华人民共和国水污染防治法》《中华人民共和国大气污染防治法》《中华人民共和国固体废物污染环境防治法》《中华人民共和国环境噪声污染防治法》《中华人民共和国野生动物保护法》《中华人民共和国自然保护区条例》等，与之配套的条例、办法、措施更是不胜枚举、数不胜数。在国家"五位一体"战略布局中，把绿色发展摆在了前所未有的高度。作为与大自然接触最深的野外工作者和户外旅行者理应成为保护环境的倡导者、志愿者和践行者，用自己的环保行为宣传、影响和带动周边，共同呵护我们原本脆弱的生态。

请大家了解和谨记以下相关法规：

1.《中华人民共和国环境保护法》摘编

第二条　本法所称环境，是指影响人类生存和发展的各种天然的和经过人工改造的自然因素的总体，包括大气、水、海洋、土地、矿藏、森林、草原、湿地、野生生物、自然遗迹、人文遗迹、自然保护区、风景名胜区、城市和乡村等。

第六条　一切单位和个人都有保护环境的义务。公民应当增强环境保护意识，采取低碳、节俭的生活方式，自觉履行环境保护义务。

第二十九条　国家在重点生态功能区、生态环境敏感区和脆弱区等区域划定生态保护红线，实行严格保护。各级人民政府对具有代表性的各种类型的自然生态系统区域，珍稀、濒危的野生动植物自然分布区域，重要的水源涵养区域，具有重大科学文化价值的地质构造、著名溶洞和化石分布区、冰川、火山、温泉等自然遗迹，以及人文遗迹、古树名木，应当采取措施予以保护，严禁破坏。

第五十七条　公民、法人和其他组织发现任何单位和个人有污染环境和破坏生态行为的，有权向环境保护主管部门或者其他负有环境保护监督管理职责的部门举报。

2.《中华人民共和国水污染防治法》摘编

第二条　本法适用于中华人民共和
国领域内的江河、湖泊、运河、渠道、水
库等地表水体以及地下水体的污染防治。

第十一条　任何单位和个人都有义
务保护水环境，并有权对污染损害水环
境的行为进行检举。

第三十三条　禁止向水体排放油类、酸液、碱液或者剧毒废液。

第三十四条　禁止向水体排放、倾倒放射性固体废物或者含有高放
射性和中放射性物质的废水。

第三十五条　向水体排放含热废水，应当采取措施，保证水体的水
温符合水环境质量标准。

第三十七条　禁止向水体排放、倾倒工业废渣、城镇垃圾和其他废
弃物。禁止将含有汞、镉、砷、铬、铅、氰化物、黄磷等的可溶性剧毒
废渣向水体排放、倾倒或者直接埋入地下。

第三十八条　禁止在江河、湖泊、运河、渠道、水库最高水位线以
下的滩地和岸坡堆放、存贮固体废弃物和其他污染物。

3.《中华人民共和国大气污染防治法》摘编

第五十七条　国家倡导环保驾驶，鼓励燃
油机动车驾驶人在不影响道路通行且需停车三
分钟以上的情况下熄灭发动机，减少大气污染
物的排放。

第七十七条　省、自治区、直辖市人民政
府应当划定区域，禁止露天焚烧秸秆、落叶等
产生烟尘污染的物质。

第八十一条　任何单位和个人不得在当地人民政府禁止的区域内露
天烧烤食品或者为露天烧烤食品提供场地。

第九十九条　违反本法规定，有下列行为之一的，由县级以上人民政府生态环境主管部门责令改正或者限制生产、停产整治，并处十万元以上一百万元以下的罚款：

（一）未依法取得排污许可证排放大气污染物的；

（二）超过大气污染物排放标准或者超过重点大气污染物排放总量控制指标排放大气污染物的；

（三）通过逃避监管的方式排放大气污染物的。

4.《中华人民共和国固体废物污染环境防治法》摘编

第九条　任何单位和个人都有保护环境的义务，并有权对造成固体废物污染环境的单位和个人进行检举和控告。

第十六条　产生固体废物的单位和个人，应当采取措施，防止或者减少固体废物对环境的污染。

第十七条　收集、贮存、运输、利用、处置固体废物的单位和个人，必须采取防扬散、防流失、防渗漏或者其他防止污染环境的措施；不得擅自倾倒、堆放、丢弃、遗撒固体废物。

第十八条　产品和包装物的设计、制造，应当遵守国家有关清洁生产的规定。国务院标准化行政主管部门应当根据国家经济和技术条件、固体废物污染环境防治状况以及产品的技术要求，组织制定有关标准，防止过度包装造成环境污染。

禁止任何单位或者个人向江河、湖泊、运河、渠道、水库及其最高水位线以下的滩地和岸坡等法律、法规规定禁止倾倒、堆放废弃物的地点倾倒、堆放固体废物。

第四十条　对城市生活垃圾应当按照环境卫生行政主管部门的规定，在指定的地点放置，不得随意倾倒、抛撒或者堆放。

第八十五条　造成固体废物污染环境的，应当排除危害，依法赔偿损失，并采取措施恢复环境原状。

5.《中华人民共和国环境噪声污染防治法》摘编

第四十一条　本法所称社会生活噪声，是指人为活动所产生的除工业噪声、建筑施工噪声和交通运输噪声之外的干扰周围生活环境的声音。

第四十五条　禁止任何单位、个人在城市市区噪声敏感建设物集中区域内使用高音广播喇叭。

在城市市区街道、广场、公园等公共场所组织娱乐、集会等活动，使用音响器材可能产生干扰周围生活环境的过大音量的，必须遵守当地公安机关的规定。

第四十六条　使用家用电器、乐器或者进行其他家庭室内娱乐活动时，应当控制音量或者采取其他有效措施，避免对周围居民造成环境噪声污染。

6.《中华人民共和国野生动物保护法》摘编

第三条　野生动物资源属于国家所有。

第六条　任何组织和个人都有保护野生动物及其栖息地的义务。禁止违法猎捕野生动物、破坏野生动物栖息地。

任何组织和个人都有权向有关部门和机关举报或者控告违反本法的行为。野生动物保护主管部门和其他有关部门、机关对举报或者控告，应当及时依法处理。

第二十一条　禁止猎捕、杀害国家重点保护野生动物。

第二十二条　猎捕非国家重点保护野生动物的，应当依法取得县级以上地方人民政府野生动物保护主管部门核发的狩猎证，并且服从猎捕量限额管理。

第二十三条　猎捕者应当按照特许猎捕证、狩猎证规定的种类、数量、地点、工具、方法和期限进行猎捕。持枪猎捕的，应当依法取得公安机关核发的持枪证。

第二十四条　禁止使用毒药、爆炸物、电击或者电子诱捕装置以及猎套、猎夹、地枪、排铳等工具进行猎捕，禁止使用夜间照明行猎、歼灭性围猎、捣毁巢穴、火攻、烟熏、网捕等方法进行猎捕，但因科学研究确需网捕、电子诱捕的除外。

第二十七条　禁止出售、购买、利用国家重点保护野生动物及其制品。

第三十条　禁止生产、经营使用国家重点保护野生动物及其制品制作的食品，或者使用没有合法来源证明的非国家重点保护野生动物及其制品制作的食品。

禁止为食用非法购买国家重点保护的野生动物及其制品。

第三十二条　禁止网络交易平台、商品交易市场等交易场所，为违法出售、购买、利用野生动物及其制品或者禁止使用的猎捕工具提供交易服务。

第三十八条　任何组织和个人将野生动物放生至野外环境，应当选择适合放生地野外生存的当地物种，不得干扰当地居民的正常生活、生产，避免对生态系统造成危害。随意放生野生动物，造成他人人身、财产损害或者危害生态系统的，依法承担法律责任。

以上摘编的法律条款，是国家层面的宏观法律，实际上各地因地制宜，还有与之配套的相关条例、办法和措施，我们外出时，一定要事先了解当地的相关规定，避免因事先不知而违法。

7.《中华人民共和国自然保护区条例》摘编

第二条　本条例所称自然保护区,是指对有代表性的自然生态系统、珍稀濒危野生动植物物种的天然集中分布区、有特殊意义的自然遗迹等保护对象所在的陆地、陆地水体或者海域，依法划出一定面积予以特殊保护和管理的区域。

第三条 凡在中华人民共和国领域和中华人民共和国管辖的其他海域内建设和管理自然保护区，必须遵守本条例。

第七条 县级以上人民政府应当加强对自然保护区工作的领导。一切单位和个人都有保护自然保护区内自然环境和自然资源的义务，并有权对破坏、侵占自然保护区的单位和个人进行检举、控告。

第十八条 自然保护区可以分为核心区、缓冲区和实验区。

第二十七条 禁止任何人进入自然保护区的核心区。因科学研究的需要，必须进入核心区从事科学研究观测、调查活动的，应当事先向自然保护区管理机构提交申请和活动计划，并经自然保护区管理机构批准；其中，进入国家级自然保护区核心区的，应当经省、自治区、直辖市人民政府有关自然保护区行政主管部门批准。

第二十八条 禁止在自然保护区的缓冲区开展旅游和生产经营活动。因教学科研的目的，需要进入自然保护区的缓冲区从事非破坏性的科学研究、教学实习和标本采集活动的，应当事先向自然保护区管理机构提交申请和活动计划，经自然保护区管理机构批准。

第二十九条 在自然保护区的实验区内开展参观、旅游活动的，由自然保护区管理机构编制方案，方案应当符合自然保护区管理目标。

在自然保护区组织参观、旅游活动的，应当严格按照前款规定的方案进行，并加强管理；进入自然保护区参观、旅游的单位和个人，应当服从自然保护区管理机构的管理。

严禁开设与自然保护区保护方向不一致的参观、旅游项目。

第三十四条 违反本条例规定，有下列行为之一的单位和个人，由自然保护区管理机构责令其改正，并可以根据不同情节处以 100 元以上 5000 元以下的罚款：

（一）擅自移动或者破坏自然保护区界标的；

（二）未经批准进入自然保护区或者在自然保护区内不服从管理机构管理的；

（三）经批准在自然保护区的缓冲区内从事科学研究、教学实习和标本采集的单位和个人，不向自然保护区管理机构提交活动成果副本的。

第三十八条　违反本条例规定，给自然保护区造成损失的，由县级以上人民政府有关自然保护区行政主管部门责令赔偿损失。

第三十九条　妨碍自然保护区管理人员执行公务的，由公安机关依照《中华人民共和国治安管理处罚法》的规定给予处罚；情节严重，构成犯罪的，依法追究刑事责任。

第四十条　违反本条例规定，造成自然保护区重大污染或者破坏事故，导致公私财产重大损失或者人身伤亡的严重后果，构成犯罪的，对直接负责的主管人员和其他直接责任人员依法追究刑事责任。

掌握了必要的法律知识，那么，野外活动中如何践行环保理念呢？

二、野外生活环保措施

1. 对地表土壤的保护

土壤是覆盖在地球表面的一层疏松物质，陆地上的一切动植物都依附于它生存。它为植物提供养料和水分，为动物提供生存的栖息地，为人类提供生存的原料，并为人类衍生

一切之所需。可以说，土壤是人类及动植物的母亲，是地球上一切生灵的共同家园。

那么，户外活动中我们应该怎么做呢？应注意以下事项。

（1）从户外活动的物资准备开始做起。尽量少带不可降解"垃圾"到野外，物品包装尽可能采用可降解的纸质包装，尽量不带或少带塑料制品、铝制品和含铅等重金属制品，如果一定要带，由此产生的废弃物

一定要带回，不可丢弃到野外。一是减少对地表土壤的污染，二是减少野外垃圾处理的压力。

（2）活动开始就应该做好垃圾的分类工作，准备好垃圾分类袋，如红色袋装可分解的（最好有纸袋），蓝色袋装不可分解的，整个活动中随时把不同的垃圾分类入袋。在丢弃垃圾时，最好分类丢弃，实在做不到，可最后统筹处理，分类回收。避免活动中乱丢垃圾，活动结束后才到处收集垃圾。

（3）不要随意取土，更不要带走表层土壤。这样做不但会破坏地表植被，还会形成局部裸地，造成水土流失，严重的还会引起山地泥石流、滑坡等恶性生态事件。"千里长堤，溃于蚁穴"，户外活动中应该避免哪怕是很小的破坏行为。

（4）妥善处理产生的垃圾。野外生活难免产生一些生活垃圾，比如塑料袋、塑料瓶、食品包装袋、果皮、食物残渣、排泄物以及其他生活废物，这些都会对环境造成影响。我们要妥善处理这些废弃物，以免污染地表土壤。对难以自然降解的垃圾（如电池、塑料、金属、玻璃、化学品、有镀膜或涂层的纸制品等）不要焚烧和掩埋，应带回。对可自然降解的垃圾（如果皮、食物残渣、排泄物、纸制包装袋等）可采用掩埋的方法，腐烂后可化为有机肥，促进植物生长。

（5）尽量不用或少用塑料袋。因为塑料袋等制品在自然环境中长期不腐烂，如果随垃圾将其填埋，200年内不可降解，对土地危害极大，会改变土地的酸碱度，严重污染土壤。塑料袋被专家视为20世纪人类"最糟糕的发明"。

（6）禁止野外抛弃电池。电池中的重金属对土壤的危害极大，1粒纽扣电池能污染 600 立方米的水。1 节一号电池烂在地里，能使 1 平方米的土地失去利用价值。废电池无论在大气中还是深埋在地下，其重金属成分都会随渗液溢出，造成地下水和土壤的污染，日积月累还会严重危害人类健康。

2. 对植物的保护

植物是地球上最早出现的原始生命，是地球上一切生命的母体，并为地球上一切生命提供着能源。同时植物还承担着制造氧气、防风固沙、调节气候、保持水土、净化空气、美化环境等使命。在我们的星球上，除了动植物，人类还难以找到其他可以果腹的东西，在数千种可食植物中，人类仅能找到 20 多种作为主要粮食作物。由此可见，保护植物就是保护我们的家园，保护我们自己。

户外活动应注意以下事项：

（1）避开出行高峰。尽量避开节假日和火爆的户外活动场地去旅行，否则有可能人满为患，既达不到出行的目的，又增加了对植物的破坏力度。

（2）户外活动中不要随意采摘野花野草，挖掘野生植物。在野外活动需要开路时，注意保护树木、藤条的主干，禁止破坏正在生长中的树木，更不能故意砍毁野生植物。

（3）要特别注意保护山顶的植被，因为山顶土壤稀缺，大都山石裸露、水源匮乏，附着其上的植被非常脆弱，一旦破坏很难在短时间内自然恢复。

（4）不论何时何地都尽可能行走在现有的步道上，不要贪图一时的方便和快捷而走捷径。团队行进时，应排成纵队沿单一路线行进，尽可能沿着前面人的脚印走，不要随意开辟新路，开辟新路的代价就是又毁了一片植被。无路且有植被的地段应分散前行，避免走出新路，尽量避开植被茂密的地段。

（5）尽量避免在非登山步道进行徒步，尽可能选择耐受踩踏的地方行走，如岩石、裸露地或碎石坡。有小路走小路，无小路尽量选择对植被破坏力最小的路线行进。

（6）尽量使用成熟的营地，避免开辟新的营地。尽量缩小营地范围，以减少对地表植物的过度践踏。扎营地点应选在植被相对较少的地段。多日扎营在同一地点，应适当挪动帐篷位置。高山草甸的生态系统非常脆弱，扎营时应尽量避开。

（7）不要在林区使用明火，也不要在防火季节以任何理由使用明火。原则上在野外做饭要使用户外专用的炉具。尽量避免直接在地面上生火。不到万不得已，不要轻易点燃篝火。篝火看似非常浪漫，但会留下一片漆黑的焦土，也不要为娱乐而生篝火进行烧烤、举行篝火晚会等。户外照明尽量使用宿营灯而不是篝火。吸烟要在确保安全的情况下，在休息点或宿营地吸烟，但要将烟丝倒出，过滤嘴塞在兜里

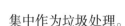

集中作为垃圾处理。

（8）特殊情况下必须使用篝火时，请遵循以下原则。

①尽量使用火盘生火或在既有的生火点生火。

②生火要选择沙土砾石地面，以降低篝火对环境的破坏。

③捡拾枯枝进行生火，禁止砍伐树木。

④只生足够使用的小火，减少对环境的冲击。

⑤生火时用石头垒成火圈，避免火堆进一步扩散。

⑥不要在风口生火，警惕火灾隐患。

⑦离开前务必彻底熄灭余火。

（9）离开营地时，要尽可能还原营地的原貌，如把被压扁的草整理蓬松一些，用树枝把脚印尽量抹平，搬动过的石头再放回原处等，尽可能恢复其自然原貌。

3. 对野生动物的保护

野生动物是大自然的产物，自然界是由许多复杂的生态系统构成的。一种植物消失，那么，以这种植物为食的昆虫就会消失。某种昆虫消失，捕食这种昆虫的鸟类将会饿死。鸟类的死亡又会对其他动物产生影响。所以，毁灭野生动物会引起一系列连锁

反应，产生严重后果。人类与地球上一切生灵同在一条生物链上，保护它们就是保护我们自己。在野外活动期间，与野生动物不期而遇是常有的事情，它的出现会为我们的野外生活增添许多乐趣，那么如何善待它们呢？应做到以下几点。

（1）不要打扰野生动物的正常生活，也不要喂食野生动物，以免影响其食物习性，丧失其独立性。更不要捕捉野生动物，不要人为干扰野生动物的栖息环境。

（2）途中碰到野生动物时不要惊吓或驱赶，应给它足够的时间逃走。不要在有野生动物生存的环境大声呼喊，不要放音乐，更不能放鞭炮惊吓动物，尽量将声响以及视觉上的干扰降到最低。

（3）提前了解当地野生动物的分布情况，尽量避免危险性遭遇。了解各种野生动物的生活习性，在发生遭遇时要冷静处置，避免互相伤害。

（4）不要购买和食用国家禁捕的野生动物。不要捕捉蝴蝶、蟋蟀、鱼虾等小动物，不要捡拾鸟蛋，不要带走动物的幼仔。

（5）在野外如发现有非法猎捕野生动物、损毁野生动物栖息地、干扰野生动物生息繁衍活动的行为，应立即上前阻止，阻止无果应向当地公安机关报案。发现有野生动物的猎套，熟悉其结构特点的可以拆除。如果不了解应当避免接触，可用手机拍摄下来，做好标记，反映给有关部门敦促其拆除。

（6）如发现有受伤的野生动物时，不要贸然施救，应该反映给有关部门，由专业人员安全救护。

4.对水源地的保护

水为万物之源，万物之本，人们的生活一时一刻都离不开水，正是因为有了水，人类才会生存，世界万物才会生机盎然，千姿百态，丰富多彩。户外期间应采取以

下保护水源措施。

（1）保护好营地周边的水源。营地炊事活动，应远离水源地10米以外，洗刷炊具必须汲水上岸，不要在水流中直接进行。洗漱应用容器盛水，并在水源地两米外进行，防止湖水或河流下游污染。

（2）尽量避免在自然水源中直接洗涤，更不应该使用任何洗涤剂。洗漱时尽量不用香皂、牙膏、洁面膏等化学品，而改用干、湿纸巾。在野外穿脏的衣物等其他物品尽量带回家洗。

（3）户外产生的废水、废液、食物残渣要挖坑集中倾倒，撤营时掩埋复原，不要在营区附近乱泼乱撒，以免污染营地植被及地下水。

（4）户外搭建营地，不要靠近湖泊、河流等水源地，与河流及湖泊保持在50米之外的地方进行活动和宿营，以免造成水污染和影响他人观赏美景。

（5）户外活动人数超过5人时，要集中修建临时厕所，临时厕所要在要远离水源、营地50米之外搭建，且选址在营地下风口并有利于排泄物分解的地方，利用挖"猫洞"的方法，对排泄物进行处理，每使用一次，在其上撒一层土掩埋，撤营时应进行最终掩埋，以恢复其原貌。

5. 对大气环境的保护

地球的空气被称为大气。如同鱼类生活在液态中一样，我们人类生活在地球的气态中，一刻也离不开大气。大气为地球生命的繁衍，人类的发展，提供了理想的环境。它的状态和变化，时时处处影响着人类的活动与生存。因此，保护大气环境已成为当代人类的一项重要事业。

据有关专家研究，大气污染物主要由一氧化碳、二氧化硫、氮氧化物、

可吸入颗粒物、碳氢化合物、苯并芘和铅等构成，其中与人类活动相关的污染源主要为使用化石燃料排放的一氧化碳，使用燃煤排放的二氧化硫、颗粒物，使用化学品造成的大气污染等。户外活动也应注意保护大气环境，即使微不足道，也要做到以下事项。

（1）坚持低碳绿色出行。户外自驾旅行建议拼车出行，如果人手一辆车出行，既不经济，又加大了尾气排放量。而矿物燃料排放出来的硫氧化物、氢氧化物，是形成酸雨污染的主要原因，而酸雨对地表土壤、农业生产以及构筑物的腐蚀会产生严重影响。

（2）坚持低碳绿色生活。户外活动中自觉做到不焚烧秸秆树叶，因为焚烧所产生的有害烟尘和有毒气体，是大气污染的原因之一。同时坚持做到不损毁树木草坪、不使用化学用品、不乱泼脏水污水、不进行户外烧烤、不燃放烟花爆竹、不制造扬尘等。把保护环境作为一种习惯和一种责任。

6. 其他环保措施

除上述五点外，我们还要做好以下事项。

（1）在筹备户外活动中，应将环保计划一并纳入，提前了解活动区域对环保的要求和相关规章制度，并根据环保要求，选择与之适应的装备和物品，预先设计行进路线和露营地，尽可能做到对自然环境零伤害。

（2）途中尽量不做路标。确实需要时应就地取材，如摆树枝、石块等，并尽量隐蔽，能让队员知晓即可。最后一名经过的队员应尽量销毁这些标记，因为明显的路标（如在树枝挂塑料袋、绑彩色布条、地面插小旗等）不仅会污染环境，还会有碍观瞻，破坏户外活动的乐趣。

（3）尽可能选择好天气出行。户外活动大多涉足山区，深山老林往往有自己的小环境、小气候，要特别小心突发暴雨、山洪、山体滑坡等自然灾害，这些灾害对周边环境影响极大，我们身处其中，不仅加重了环境压力，还可能遇到被灾害所困的危险。

（4）做好环保"回头看"。酣畅淋漓的户外活动，锻炼了我们的身体、锤炼了我们的意志，拓宽了我们的视野、释放了我们的压力，更重要的是增强了我们知难而进、迎难而上的意志和勇气。当我们收拾行囊拔寨撤营时，切记还有一项"回头看"。

①回头看拔寨撤营后周边环境是否有明显的破坏痕迹，地表土壤是否被污染，植被是否被践踏，水体是否有不可降解的漂浮物，帐篷周围的防雨沟是否填平，挪动的石块是否放回原地等，如有，尽可能将其复位。

②离开活动场所时，尽可能带走全部活动中所产生的一切垃圾，特别是不易降解的垃圾一定要带走。

③检查是否还留有火种，如篝火是否完全熄灭，是否有残留的液化气罐、固体酒精、丢弃的打火机、电池、火柴等易燃物，这些易燃物在太阳照射下极易自燃。

④尽可能沿着来时的步道返程，不走回头路时，要选择已有的步道撤离，避免对环境再次冲击。

三、制止破坏生态环境的不当行为

按照《中华人民共和国环境保护法》第五十七条之规定："公民、法人和其他组织发现任何单位和个人有污染环境和破坏生态行为的，有权向环境保护主管部门或者其他负有环境保护监督管理职责的部门举报。" 何况作为自然资源系统的工作者，守护好"绿水青山"更是我们义不容辞的职责。

现实中，确实存在诸多破坏生态文明的不当行为。主要表现在以下几方面。

（1）出行目的不纯。一些人外出旅行，说是为了减压，实则成了宣泄，如同脱缰的野马，彻底放纵了自己，全然不顾社会公德及法律底线，充当了破坏自然环境的"凶手"。

（2）为追求自我刺激不惜破坏生态环境。一些自驾旅行者在茫茫草原上如入无人之境，为寻求刺激在草原上狂奔，造成青青草原留下一道道深深的辙印。

（3）乱扔生活垃圾。一些人随意抛弃生活垃圾，不仅造成环境污染，还严重影响了当地景区的视觉观感，如同一块牛皮癣，让人很不舒服。

（4）破坏民族团结。一些人到少数民族区域，不顾及当地民风、民俗习惯和宗教信仰，甚至大放厥词，把少数民族文化称为"无知、愚昧"，严重影响了民族大团结的和谐氛围。

（5）大搞封建迷信活动。一些人借助寺庙场所，可谓"见佛拜佛、见庙烧香"。通过祈求神灵保佑自己的钱财、命运和健康，似乎虔诚拜神祭天，即可求得吉祥平安。更有甚者，借助迷信活动骗财猎色。

（6）偷猎野生动物、踩踏脆弱植被等行为。一些人在野生动物保护区，非法猎捕野生动物，甚至为寻求一时的疯狂刺激，驱车追杀群体野生动物，严重干扰了野生动物正常的生息与繁衍。

面对上述这些破坏生态文明的不当行为，我们应该理直气壮地说：不！同时要敢于制止这些不当行为。这既是法律赋予我们的义务，也是一个社会人起码的道德良知。

作为户外运动爱好者，我们应做到以下几点。

①从我做起，做好示范，影响周边团队。户外活动经常遇到其他团队，甚至在同一路线结伴而行。用我们身体力行的环保行为来影响他们，可以起到事半功倍的效果。

②宣传环保理念。平时多注意积累一些环保知识，不仅在自己所处的团队宣讲环保理念，还可以寻找时机为其他团队宣传环保知识。组织或参加活动时，根据地域特点和活动内容向大家提出低碳环保要求，并以身作则，带头做好环保工作。如有条件，可以制作一些户外环保小手册，主动发放给其他团队。

③户外期间，当发现他人有不符合环保的行为时，要主动向其宣传有关户外环保的知识，纠正其错误行为。发现他人有故意破坏环境、伤

害或买卖野生动物的行为，应当及时有效制止，若制止无效应立即向有关部门反映。

④当好环保志愿者。旅途中，发现有丢弃的带有污染性质的垃圾，能清理的尽量清理干净。范围过大且不能及时清理的，应形成影像记录，交有关部门清理。发现他人对环境已经造成的破坏，应当在条件容许的情况下尽量补救，不能及时处理的问题应当拍摄记录，留待下次或提请他人及有关部门及时解决。

大自然使人变得慷慨，也会使人变得重情。当我们走向户外，面对大自然博大的胸怀，常常会感受到人在大自然面前是多么的渺小，才会真切地感受到人与自然的和谐相处是多么的重要。有句话说得很好："除了照片什么都别带走，除了脚印什么都别留下。"

最后，记住一句话：不要去打扰自然，我们只做过客。

附录二 国家重点保护的自然资源

　　无论是野外工作者或户外旅行者，我们经常会涉足国家重点保护的自然资源保护区。自然保护区分为核心区、缓冲区和实验区，其中，自然保护核心区是禁止任何人进入的，缓冲区是要经相关部门批准才能进入的。作为野外工作者或户外旅行者，我们要事先了解这些信息，避免因盲目闯入而遭受处罚甚至扣留，并追究法律责任。

一、国家级自然保护区名录

　　国家级自然保护区是推进生态文明、构建国家生态安全屏障、建设美丽中国的重要载体。强化自然保护区建设和管理，是贯彻落实创新、协调、绿色、开放、共享新发展理念的具体行动，是保护生物多样性、筑牢生态安全屏障、确保各类自然生态系统安全稳定、改善生态环境质量的有效举措。

　　2018 年 5 月，我国国家级自然保护区共 476 个，罗列如下。

　　北京市（2 个）

　　百花山、北京松山。

　　天津市（3 个）

　　古海岸与湿地、八仙山、蓟县中上元古界地层剖面(蓟县，今蓟州区)。

　　河北省（13 个）

　　昌黎黄金海岸、小五台山、泥河湾、大海坨、雾灵山、围场红松洼、衡水湖、柳江盆地地质遗迹、塞罕坝、茅荆坝、滦河上游、驼梁、青崖寨国家级自然保护区。

　　山西省（8 个）

　　灵空山、黑茶山、阳城莽河猕猴、芦芽山、庞泉沟、历山、五鹿山、太宽河国家级自然保护区。

内蒙古自治区（29个）

赛罕乌拉、达里诺尔、白音敖包、黑里河、大黑山、大兴安岭汗马、古日格斯台、高格斯台罕乌拉、红花尔基樟子松林、辉河、呼伦湖、大青山、科尔沁、图牧吉、大青沟、锡林郭勒草原、鄂尔多斯遗鸥、西鄂尔多斯、乌拉特梭梭林—蒙古野驴、内蒙古贺兰山、额济纳胡杨林、阿鲁科尔沁、哈腾套海、额尔古纳、鄂托克恐龙遗迹化石、青山、特金罕山、毕拉河、乌兰坝国家级自然保护区。

辽宁省（19个）

大连斑海豹、城山头海滨地貌、蛇岛—老铁山、仙人洞、桓仁老秃顶子、白石砬子、鸭绿江口滨海湿地、医巫闾山、辽河口、北票鸟化石、努鲁儿虎山、海棠山、大黑山、葫芦岛虹螺山、青龙河、楼子山、白狼山、章古台、五花顶国家级自然保护区。

吉林省（24个）

通化石湖、集安、白山原麝、四平山门中生代火山、汪清、靖宇、黄泥河、波罗湖、松花江三湖、伊通火山群、龙湾、哈泥、鸭绿江上游、查干湖、大布苏、莫莫格、向海、雁鸣湖、珲春东北虎、天佛指山、吉林长白山、吉林园池湿地国家级自然保护区、头道松花江上游国家级自然保护区、甑峰岭国家级自然保护区。

黑龙江省（49个）

北极村、公别拉河、碧水中华秋沙鸭、翠北湿地、太平沟、老爷岭东北虎、大峡谷、中央站黑嘴松鸡、茅兰沟、明水、三环泡、乌裕尔河、绰纳河、多布库尔、友好、小北湖、扎龙、黑龙江凤凰山、东方红湿地、珍宝岛湿地、兴凯湖、宝清七星河、饶河东北黑蜂、大沾河湿地、新青白头鹤、丰林、凉水、乌伊岭、红星湿地、三江、八岔岛、洪河、挠力河、牡丹峰、穆棱东北红豆杉、胜山、五大连池、呼中、南瓮河、黑龙江双河、盘中、平顶山、乌马河紫貂、岭峰、黑瞎子岛、七星砬子东北虎、仙洞山梅花鹿、朗乡、细鳞河国家级自然保护区。

山东省（7个）

马山、东营黄河三角洲、长岛、山旺古生物化石、滨州贝壳堤岛与湿地、荣成大天鹅、昆嵛山国家级自然保护区。

江苏省（3个）

盐城湿地珍禽、大丰麋鹿、泗洪洪泽湖湿地自然保护区。

上海市（2个）

上海九段沙湿地、崇明东滩鸟类自然保护区。

浙江省（11个）

临安清凉峰、浙江天目山、象山韭山列岛、南麂列岛、乌岩岭、长兴地质遗迹、大盘山、古田山、浙江九龙山、凤阳山—百山祖、安吉小鲵国家级自然保护区。

安徽省（8个）

古井园、铜陵淡水豚、鹞落坪、古牛绛、金寨天马、升金湖、安徽扬子鳄、安徽清凉峰自然保护区。

江西省（16个）

鄱阳湖南矶湿地、桃红岭梅花鹿、九连山、武夷山、井冈山、官山、马头山、鄱阳湖、九岭山、齐云山、阳际峰、赣江源、庐山、铜钹山、婺源森林鸟类自然保护区、南风面国家级自然保护区。

福建省（18个）

福建武夷山、将乐龙栖山、天宝岩、深沪湾海底古森林遗迹、漳江口红树林、虎伯寮、厦门珍稀海洋物种、梁野山、梅花山、戴云山、闽江源、君子峰、黄楮林、闽江河口湿地、茫荡山、汀江源、峨嵋峰国家级自然保护区。

河南省（13个）

黄河湿地、新乡黄河故道湿地鸟类、焦作太行山猕猴、南阳恐龙蛋化石群、伏牛山、宝天曼、鸡公山、董寨鸟类、连康山、小秦岭、丹江湿地、大别山、高乐山国家级自然保护区。

湖北省（22 个）

巴东金丝猴、洪湖、古南河、大别山、十八里长峡、堵河源、木林子、咸丰忠建河大鲵、赛武当、青龙山恐龙蛋化石群地质自然、五峰后河、石首麋鹿、长江天鹅洲白鳍豚、长江新螺段白鳍豚、龙感湖、九宫山、星斗山、七姊妹山、神农架、长阳崩尖子国家级自然保护区、大老岭国家级自然保护区、五道峡国家级自然保护区。

湖南省（23 个）

西洞庭湖、九嶷山、金童山、东安舜皇山、白云山、炎陵桃源洞、南岳衡山、黄桑、湖南舜皇山、东洞庭湖、乌云界、壶瓶山、张家界大鲵、八大公山、六步溪、莽山、八面山、阳明山、永州都庞岭、借母溪、鹰嘴界、高望界、小溪国家级自然保护区。

广东省（15 个）

云开山、罗坑鳄蜥、石门台、南澎列岛、南岭、车八岭、丹霞山、内伶仃岛—福田、珠江口中华白海豚、湛江红树林、徐闻珊瑚礁、雷州珍稀海洋生物、鼎湖山、象头山、惠东港口海龟国家级保护区。

广西壮族自治区（22 个）

大明山、花坪、猫儿山、山口红树林生态、合浦营盘港—英罗港儒艮、北仑河口、防城金花茶、金钟山黑颈长尾雉、十万大山、岑王老山、弄岗、大瑶山、木论、千家洞、九万山、崇左白头叶猴、大桂山鳄蜥、邦亮长臂猿、恩城、元宝山、七冲、银竹老山资源冷杉国家级自然保护区。

海南省（10 个）

鹦哥岭、东寨港、三亚珊瑚礁、铜鼓岭、大洲岛、大田、霸王岭、尖峰岭、吊罗山、五指山。

重庆市（6 个）

五里坡、阴条岭、缙云山、金佛山、大巴山、雪宝山。

四川省（32 个）

千佛山、栗子坪、小寨子沟、诺水河珍稀水生动物、黑竹沟、格西

自然资源野外工作和生活指南

沟、长江上游珍稀特有鱼类（跨越四川省、云南省、贵州省、重庆市均已设立保护区管理部门）、龙溪—虹口、白水河、攀枝花苏铁、画稿溪、王朗、雪宝顶、米仓山、唐家河、马边大风顶、长宁竹海、老君山、花萼山、蜂桶寨、卧龙、九寨沟、小金四姑娘山、若尔盖湿地、贡嘎山、察青松多白唇鹿、长沙贡玛、海子山、亚丁、美姑大风顶、白河国家级自然保护区、南莫且湿地国家级自然保护区。

贵州省（10个）

佛顶山、宽阔水、习水中亚热带常绿阔叶林、赤水桫椤、梵净山、麻阳河、威宁草海、雷公山、茂兰、大沙河国家级自然保护区。

云南省（20个）

乌蒙山、云龙天池、元江、轿子山、会泽黑颈鹤、哀牢山、大山包黑颈鹤、药山、无量山、永德大雪山、南滚河、云南大围山、金平分水岭、黄连山、文山、西双版纳、纳板河流域、苍山洱海、高黎贡山、白马雪山。

西藏自治区（11个）

麦地卡湿地、拉鲁湿地、雅鲁藏布江中游河谷黑颈鹤、类乌齐马鹿、芒康滇金丝猴、珠穆朗玛峰、羌塘、色林错、雅鲁藏布大峡谷、察隅慈巴沟、玛旁雍错湿地国家级自然保护区。

陕西省（26个）

丹凤武关河珍稀水生动物、黑河珍稀水生野生动物、周至老县城、观音山、略阳珍稀水生动物、黄柏塬、平河梁、韩城黄龙山褐马鸡、太白湑水河珍稀水生生物、紫柏山、周至、陇县秦岭细鳞鲑、太白山、陕西子午岭、延安黄龙山褐马鸡、汉中朱鹮、长青、陕西米仓山、青木川、桑园、佛坪、天华山、化龙山、牛背梁、摩天岭国家级自然保护区、红碱淖国家级自然保护区。

甘肃省（22个）

秦州珍稀水生野生动物、黄河首曲、漳县珍稀水生动物、太子山、连城、兴隆山、民勤连古城、张掖黑河湿地、太统—崆峒山、甘肃祁连山、安西极旱荒漠、盐池湾、安南坝野骆驼、敦煌西湖、敦煌阳关、白水江、小陇山、裕河、甘肃莲花山、洮河、尕海—则岔、多儿国家级自然保护区。

宁夏回族自治区（9 个）

南华山、火石寨丹霞地貌、云雾山、宁夏贺兰山、灵武白芨滩、哈巴湖、宁夏罗山、六盘山、沙坡头国家级自然保护区。

青海省（7 个）

大通北川河源区、柴达木梭梭林、循化孟达、青海湖、可可西里、三江源、隆宝国家级自然保护区。

新疆维吾尔自治区（16 个）

霍城四爪陆龟、伊犁小叶白蜡、巴尔鲁克山、布尔根河狸、艾比湖湿地、罗布泊野骆驼、塔里木胡杨、阿尔金山、巴音布鲁克、托木尔峰、博格达峰、西天山、甘家湖梭梭林、哈纳斯、阿勒泰科克苏湿地国家级自然保护区、温泉新疆北鲵国家级自然保护区。

注：名录中不包括中国台湾省，香港、澳门特别行政区。

二、国家十大著名自然风景区

1. 四川九寨沟景区

九寨沟是世界自然遗产、国家重点风景名胜区、国家级自然保护区、国家地质公园、世界生物圈保护区网络，是中国第一个以保护自然风景为主要目的的自然保护区。九寨沟位于四川省阿坝藏族羌族自治州九寨沟县境内，是一条纵深 50 余千米的山沟谷地。因沟内有树正寨、荷叶寨、则查洼寨等九个藏族村寨坐落在这片高山湖泊群中而得名。"九寨归来不看水"，是对九寨沟景色真实的诠释，被世人誉为"童话世界"，号称"水景之王"。

2. 丹霞山景区

丹霞山景区位于广东省韶关东北侧的仁化县，是国家重点风景名胜区、国家自然保护区、国家地质公园、首批世界地质公园，还被称为"天然裸体公园"。这里是世界上发育较典型，类型较齐全，造型较丰富，风景较优美的丹霞地貌集中分布区。

3. 五大连池景区

五大连池风景区位于黑龙江省西北部、黑河市西南部，主要由五大连池湖区及周边火山群地质景观、相关人文景观、植被、水景等组成。五大连池风景区获得的称誉有世界地质公园、世界生物圈保护区、国家重点风景名胜区、国家级自然保护区、国家森林公园、国家自然遗产等。

4. 井冈山风景名胜区

井冈山，位于江西省吉安市境内，是集革命人文景观、自然风光和高山田园为一体的山岳型风景旅游区。井冈山风景名胜区有60多个景点，320多处景观景物。景观分为峰峦、山石、瀑布、气象、溶洞、温泉、珍稀动植物及高山田园风光八大类，还较好地保存了井冈山斗争时期革命旧址遗迹29处，其中，10处为全国重点文物保护单位。

5. 长白山景区

长白山脉是鸭绿江、松花江和图们江的发源地，是中国满族的发祥地和满族文化圣山。长白山脉的"长白"二字还有一个美好的寓意，即为长相守、到白头，代表着人们对忠贞与美满爱情的向往与歌颂。2010年曾先后被确定为首批国家级自然保护区、首批国家AAAAA级旅游景区、联合国"人与生物圈"自然保留地和国际A级自然保护区。长白山及其天池、瀑布、雪雕、林海等，曾经入选"吉尼斯"世界之最记录，其中更有中华十大名山、中国的五大湖泊、中国的十大森林等称号。

6. 衡山风景名胜区

衡山风景名胜区位于衡阳市南岳区，是道教主流全真派圣地，海拔1300.2米。由于气候条件较其他四岳好，处处是茂林修竹，终年翠绿；奇花异草，四时飘香，自然景色十分秀丽，因而有南岳独秀之美称。清人魏源《衡岳吟》中说："恒山如行，岱山如坐，华山如立，嵩山如卧，唯有南岳独如飞。"

7. 齐齐哈尔扎龙景区

扎龙是中国最大、世界闻名的扎龙湿地，位于黑龙江省齐齐哈尔市东南 30 千米处。总面积 21 万公顷，为亚洲第一、世界第四，也是世界最大的芦苇湿地，是中国首个国家级自然保护区，被列入中国首批"世界重要湿地名录"。景区内湖泽密布，苇草丛生，是水禽等鸟类栖息繁衍的天然乐园。世界上现有鹤类 15 种，在中国范围内有 9 种，扎龙景区就有 6 种；全世界丹顶鹤不足 2000 只，扎龙景区有 400 多只。

8. 雅鲁藏布大峡谷

雅鲁藏布大峡谷北起米林县大渡卡村（海拔 2880 米），南到墨脱县巴昔卡村（海拔 115 米），长 504.6 千米，平均深度 2268 米，最深处达 6009 米，平均海拔在 3000 米以上，是世界第一大峡谷。整个峡谷地区冰川、绝壁、陡坡、泥石流和巨浪滔天的大河交错在一起，环境十分恶劣。许多地区至今仍无人涉足，堪称"地球上最后的秘境"，是地质工作少有的空白区之一。由于大峡谷水气通道带来的水分和热量，造就了藏东南优美的自然环境，被人誉为"西藏江南"。

9. 五指山热带雨林景区

五指山热带雨林景区位于海南省五指山市脚下的水满乡，距五指山市 28 千米，距离三亚市约为 110 千米，在景区内还可正面远眺五指山，领略它的巍峨壮观和大自然的鬼斧神工。游五指山热带雨林风景区以步行为主，景区内古树参天，藤萝密布，奇花异草随处可见。在眺望台可欣赏到五指山巍峨耸立，五峰并列如撑天五指，在云海中时隐时现的美景。

10. 八仙山景区

八仙山景区位于天津市蓟县（今天津市蓟州区）境内，面积 1049 公顷，于 1995 年 11 月被国务院批准命名为"天津八仙山国家级自然保护区"。主要保护对象为次生森林生态系统。八仙山的地层是距今 14 亿~18 亿年由古海沉积的长城系石英岩。到距今 1 亿年的时候，燕山地区又出现了一个伟大的地质现象：燕山运动断裂，出现了褶皱和隆起，呈现了山地的面貌。八仙山的地貌基本形成。

三、中国十大魅力湿地

1. 扎龙湿地生态保护区

扎龙湿地生态保护区位于黑龙江省齐齐哈尔市境内，是同纬度地区景观最原始、物种最丰富的湿地自然综合体。面积 21 万公顷，1992 年被列入"世界重要湿地名录"，主要保护对象是丹顶鹤和其他野生珍禽及湿地生态系统，被誉为鸟和水禽的"天然乐园"。扎龙是中国著名的珍贵水禽自然保护区，位于乌裕尔河下游，嫩江支流乌裕尔河到此失去河道，漫溢成大片沼泽。保护区内苇丛茂密、鱼虾众多，是水禽理想的栖息地。

2. 广西山口红树林

广西山口红树林位于广西壮族自治区合浦县境内，距合浦县城 77 千米，红树林面积 8000 公顷，于 1990 年经国务院批准建立，保护类型为海洋和海岸生态系统，主要保护对象为红树林生态系统。

3. 双台河口湿地保护区

双台河口湿地保护区位于辽宁省盘锦市境内，总面积 12.8 万公顷。主要保护对象为丹顶鹤、白鹤等珍稀水禽和海岸河口湾湿地生态系统。地处辽东湾的辽河入海口处，是由淡水携带大量营养物质的沉积，并与海水互相浸淹混合而形成的适宜多种生物繁衍的河口湾湿地。保护区生物资源极其丰富，仅鸟类就有 191 种，其中，属国家重点保护动物有丹顶鹤、白鹤、白鹳、黑鹳等 28 种，是多种水禽的繁殖地、越冬地和众多迁徙鸟类的驿站。

4. 巴音布鲁克湿地保护区

巴音布鲁克湿地保护区位于新疆维吾尔自治区和静县境内，面积 10 万公顷，主要保护对象为天鹅等珍稀水禽及其栖息繁殖地。地处天山天格尔峰下的巴音布鲁克草原上。四周群山环绕，海拔在 2400 米以上，为山地高位盆地。驰名中外的"天鹅湖"就在盆地的东南部，是由众多相互串联的小湖组成的大面积沼泽地。这里河沟纵横、水草丰茂、水质清澈、环境幽静，每年4月前后都有成千上万的天鹅等珍禽来此栖息繁衍。除天鹅外，还有其他鸟类70多种，是我国天鹅等珍稀水禽重要栖息繁殖基地。

5. 西溪湿地公园

西溪湿地国家公园是国内第一个也是唯一的集城市湿地、农耕湿地、文化湿地于一体的国家湿地公园。坐落于浙江省杭州市区西部，距离杭州西湖5千米，在杭州天目山路延伸段，是罕见的城中次生湿地。曾与西湖、西泠一道，并称杭州"三西"。园区约70%的面积为河港、池塘、湖漾、沼泽，正所谓"一曲溪流一曲烟"。整个园区六条河流纵横交汇，水道如巷、河汊如网、鱼塘鳞次栉比、诸岛星罗棋布，形成了西溪独特的湿地景致。西溪湿地公园占地面积10.08平方千米，集生态湿地、城市湿地、文化湿地于一身，堪称中国湿地第一园。西溪湿地以独特的风光和生态，形成了极富吸引力的一种湿地景观旅游资源。2009年被列入国际重要湿地名录。

6. 沙湖湿地自然保护区

湖水如海，柔沙似绸，天水一色，苇丛如画的沙湖，犹如一颗璀璨的明珠，镶嵌在美丽富饶的宁夏平原上。它位于宁夏回族自治区石嘴山市境内，距市中心32千米，距银川市56千米，总面积8.2平方千米，沙漠面积12.7平方千米。沙湖以自然景观为主体，资源蕴藏量丰富，"沙、水、苇、鸟、山、荷"六大景源有机结合，构成独具特色的秀丽景观。沙湖自然保护区地处内陆，属典型的大陆性气候，属中湿带。独特秀美的自然景观和得天独厚的旅游资源，是西部丝绸之路上埋藏的宝藏，静静地等待人们的发掘。

7. 哈尼梯田国家湿地公园

哈尼梯田国家湿地公园位于云南省东南部红河哈尼族彝族自治州红河南岸元阳、红河、绿春、金平四县境内，有1300年以上的历史，总面积 5 万多公顷，是历经上千年的垦殖创造的梯田农业生态奇观。作为千年大地粮仓，哈尼梯田不仅为当地百姓提供了赖以生存的稻米和水产品，在调节气候、保水保土、防止滑坡、维护动植物多样性等方面发挥了重要的湿地功能。2007 年 11 月 15 日，国家林业局（现国家林业和草原局）批准云南红河哈尼梯田湿地公园为国家湿地公园。这是云南省第一个国家级湿地公园。

8. 闽江河口湿地保护区

闽江河口湿地保护区坐落于福州市长乐区东北部和马尾区东南部交界处的闽江入海口区域。保护区总面积 3219 公顷。保护区主要保护对象为重点滨海湿地生态系统、众多濒危动物物种和丰富的水鸟资源。属海洋与海岸生态系统类型（湿地类型）自然保护区。

9. 微山湖国家湿地公园

微山湖国家湿地公园位于山东省微山县城区南部，距城区不到 3 千米，也是微山湖区域唯一获批以"微山湖"命名的湿地公园。2013 年 5 月 1 日，亚洲最大的草甸型湖泊湿地——济宁微山县微山湖国家湿地公园正式开门迎客。公园总规划面积 1 万公顷，是以湿地保护、科普教育、水质净化、生态观光为主要内容的大型公益性生态工程。

10. 澳门湿地

澳门特别行政区，是一个以博彩业闻名于世的城市，但不为人们所知的，却是在这样一个不足 30 平方千米的城市，大大小小大约有 7 块不同类型的湿地，它们分布于赌场边、大桥下、山林中……与澳门人的生活息息相关。成百只的鹭鸟生活在靠近赌场的城中湿地，悠闲自得地过着与世无争的日子。树蛙、蜻蜓、斗鱼……这些有趣的生物又在九澳山上的淡水湿地随处可见。人类，只是它们的朋友，见证着它们的繁衍生息。

四、中国十大著名地貌保护区

1. 云南石林熔岩地貌

云南石林位于云南省昆明市石林彝族自治县境内，属亚热带低纬度高原山地季风气候，"冬无严寒、夏无酷暑、四季如春"，是世界唯一位于亚热带高原地区的喀斯特地貌，素有"天下第一奇观""石林博物馆"的美誉。石林面积达 1100 平方千米，气势大度恢宏，山光水色应有尽有、各具特色。景观价值之高，举世罕见。2008 年，被联合国教科文组织评定为世界自然遗产。在距今约三亿六千万年前的古生代泥盆纪时期，石林一带是滇黔古海的一部分，大约二亿八千万年前的石炭纪，石林才开始形成。大海中的石灰岩经过海水流动时不断冲刷，留下了无数的溶沟和溶柱。后来，这里的地壳不断上升和长时间的积淀，才逐渐变沧海为陆地。海水退去后，又历经了亿万年的烈日灼烤和雨水冲蚀、风化、地震，留下了这一童话世界般的壮丽奇景。远远望去，那一支支、一座座、一丛丛巨大的灰黑色石峰石柱昂首苍穹，直指青天，犹如一片莽莽苍苍的黑森林，故名"石林"。

2. 五大连池熔岩地貌

五大连池熔岩地貌位于黑龙江省西北部、黑河市西南部。1719—1721 年，火山喷发，熔岩阻塞白河河道，形成五个相互连接的湖泊，因而得名五大连池。

3. 丹霞山地貌

丹霞山地貌由红色砂砾岩构成，以赤壁丹崖为特色。地质学家以丹霞山为名，将这一地貌命名为"丹霞地貌"。

4. 火石寨丹霞地貌

火石寨位于宁夏西吉县城以北 15 千米，国家地质公园、国家森林公园，全国第一批国土资源科普基地，是镶嵌在中国西部黄土高原上的一颗璀璨的明珠，也是我国迄今发现海拔最高、北方规模最大的丹霞地貌群，同时也是古丝绸之路上规模最大的丹霞地貌景观和独特的山地森林灌丛草甸生态系统。从总体上看，保护区内的丹霞地貌地质遗迹具有"大、多、长、密、厚"的特征；从单体景观上看，保护区则具有"雄、奇、秀、险、幽、奥"等特点。除了独特典型的丹霞地貌地质之外，保护区动植物资源十分丰富。

5. 城山头海滨地貌

城山头位于金州区东部黄海海岸，磨盘山南麓，与金石滩国家级旅游度假区相连，占地面积1350公顷，是国家级自然保护区。城山头因唐代石砌古城遗址而得名，古城残垣今仍依稀可见。海岸线长20千米，三面环海，一面临山，东部半岛横卧海底，与大陆、山地之间由狭长的沙堤相连，沙堤两侧是天然的沙洲海水浴场。拥有晚元古代震旦纪地层和典型的海滨岩溶喀斯特地貌景观及地质遗址，石林千姿百态，溶洞石墙透星穿月，有"北方小石林"之美称。近海可望的蛋坨子鸟岛，84种、数十万只鸟常年栖息于此，其中，国家一、二类保护的鸟类有13种，是罕见的鸟类繁殖基地。

6. 四平山门中生代火山地貌

四平山位于吉林省四平市铁东区东南山门镇，是典型的酸性火山岩、流纹岩地质景观，属世界稀有的地质遗迹，具有产出状态齐全、地貌形态完整、地质形迹清晰、岩石构造奇特等特点。总面积为123.2公顷，属于地质遗迹类型自然保护区，主要保护对象为中生代白垩纪流纹岩特殊的火山地质构造及典型火山地貌景观。

7. 辽宁仙人洞岩溶地貌

仙人洞位于辽宁省庄河市境内，面积3575公顷，主要保护对象为赤松林、栎林及自然景观。地处千山山脉，为长白、华北两大植物区系的过渡地带，分布有国内稀有耐寒的三桠钓樟、兰果紫珠、八角枫、玉铃花、赤松栎林等高等植物810种，高等动物196种，其中，鸟类137种，国家重点保护动物有金雕、白尾海雕等8种。保护区内山势险峻、峰峦起伏，在头道沟沟口有一岩洞，名为仙人洞，分布有大面积的前震旦系假岩溶地貌景观。该区的动植物区系、地质地貌在国内外有特殊的保护和科研价值。

8. 柳江盆地地质遗迹

柳江盆地位于河北省秦皇岛市北部，距秦皇岛市市区约 15 千米，总面积 1395 公顷。保护区荟萃了新太古代至新生代的中国华北地区在漫长的地球演化过程中的地壳运动、岩浆活动，沉积环境变化及生物进化等地质现象的精华，包含了对追溯地质历史具有重大科研价值的典型层型剖面、生物化石组合带地层剖面、岩性岩相建造剖面及典型地质构造剖面和构造形迹，面积小而内容丰富，其内三套地层及三大岩类分布广泛，均为自然露头，地层完整，界限清楚，岩类齐全，化石丰富，沉积构造发育，被公认为"天然地质博物馆"。

9. 伊通火山群地貌

伊通火山群位于辽吉山地与松辽平原的过渡地带，东部为辽吉山地，山地高度向东逐渐增加，海拔高度一般大于 500 米，属于中山丘陵；西部为北东向延伸的大黑山地垒山，海拔高度一般低于 500 米，属于低山丘陵。伊通火山群处于我国东部巨型构造——郯庐断裂带的北延段主要分支断裂带内，即伊舒地堑盆地内。火山锥体形似钟乳峰拔起，沿北东方向，成两列分布在伊通盆地的平川之上。主要地貌类型有断块山地、断陷平原、地堑盆地和垒山等。

10. 张掖丹霞地貌

张掖丹霞地貌位于甘肃省张掖市临泽县城以南 30 千米，地处祁连山北麓，是中国丹霞地貌发育最大最好、地貌造型最丰富的地区之一，是中国彩色丹霞的典型代表，国内唯一的丹霞地貌与彩色丘陵景观复合区。张掖丹霞地貌具有很高的科考和旅游观赏价值，是"中国最美的七大丹霞"之一，也是全球 25 个梦幻旅行地之一。

五、中国十大野生动物保护区

1. 太行山猕猴保护区

太行山猕猴保护区位于河南省济源市、沁阳市、修武县、辉县市四县市境内，总面积 56600 公顷。主要保护对象为猕猴及森林生态系统。该区地处太行山南段，区内山势陡峻，沟深崖高，生物资源丰富，森林覆盖率达 70%，多为天然次生林，为我国暖温带生物多样性优先保护的区域之一。列入国家重点保护的植物有连香树、山白树、太行花、领春木等 14 种；列入国家重点保护的野生动物有金钱豹、金雕、黑鹳、白鹳等 30 余种。本区与山西太行山保护区毗邻，都是当今世界猕猴分布的最北限，其主要保护对象太行猕猴为猕猴的华北亚种，现有 20 余群 2000 多只，是目前我国猕猴数量最多、面积最大的猕猴保护区，具有十分重要的保护价值。

2. 厦门珍稀海洋物种保护区

厦门珍稀海洋物种保护区位于福建省厦门市海域，总面积 33088 公顷。2000 年 4 月 4 日经国务院办公厅正式批准设立。该保护区是在厦门市政府 1991 年批准建立的厦门文昌鱼保护区、福建省政府 1995 年批准设立的白鹭保护区和 1997 年批准设立的中华白海豚保护区的基础上合并建立的，为保护珍稀海洋物种设立的国家级自然保护区。保护的主要物种有中华白海豚、文昌鱼和各种白鹭等 18 种海洋珍稀濒危物种。

3. 卧龙大熊猫保护区

卧龙大熊猫保护区位于四川省阿坝藏族羌族自治州汶川县西南部，邛崃山脉东南坡，距四川省会成都 130 千米，交通便利。卧龙自然保护区东西宽 60 千米，南北长 63 千米，是国家级第三大自然保护区，四川省面积最大、自然条件最复杂、珍稀动植物最多的自然保护区。保护区横跨卧龙、耿达两乡，东西长 52 千米、南北宽 62 千米，总面积约70 万公顷。由于特殊的自然环境与地理位置，保存了不少古老孑遗动物。该区域是我国大熊猫的主要分布区，大熊猫的数量约占全国总数的10%，被列为国家重点保护的珍稀濒危的高等动物有 57 种。

4. 可可西里藏羚羊保护区

可可西里藏羚羊保护区位于青海省玉树藏族自治州西部，总面积450 万公顷。是 21 世纪初世界上原始生态环境保存较好的自然保护区，

也是中国建成的面积最大，海拔最高，野生动物资源最为丰富的自然保护区之一。保护区内拥有的野生动物多达 230 多种，主要是保护藏羚羊、野牦牛、藏野驴、藏原羚、野驴、白唇鹿、棕熊等珍稀野生动物、植物及其栖息环境。该保护区被列入《世界遗产名录》，成为中国第 51 处世界遗产。

5. 石首麋鹿自然保护区

石首麋鹿自然保护区位于长江与长江天鹅洲故道的夹角处。这里拥有泛洪沼泽湿地 1567 公顷，自然环境优越，土地肥沃，水质良好，牧草丰茂，是麋鹿栖息的理想场所。1991 年 11 月，湖北省人民政府正式批准成立石首麋鹿自然保护区。1998 年，经国务院批准，该保护区晋升为国家级自然保护区，以实现中英两国政府签订的"麋鹿重引进中国协议"第二阶段目标，即在麋鹿原生地恢复自然种群，并保护其赖以生栖的湿地生态环境。被中国野生动物保护协会授予"中国麋鹿之乡"的称号。

6. 大连斑海豹保护区

大连斑海豹保护区位于渤海辽东湾，涉及双岛湾街道 60% 的海域和北海街道、三涧堡街道的全部海域。该海域是渔民传统定置网捕捞区和重要的养殖区，属于野生动物型保护区，主要保护对象是斑海豹及其生态环境。保护区属典型的滨海湿地，属于野生动物型保护区，主要保护对象是斑海豹及其生态环境。保护区属典型的滨海湿地，大连斑海豹保护区内有鱼类 100 余种，经济甲壳类 5 种，头足类 3 种，贝类 10 余种。另外还有虎头海雕、白尾海雕、白肩雕、黑尾鸥等珍稀鸟类以及维管束植物 426 种。

7. 历山猕猴保护区

历山猕猴保护区位于山西省翼城、垣曲、阳城、沁水四县交界处，面积 24800 公顷，地处亚热带向暖温带的过渡地带，气候温暖，雨量充沛，自然条件优越。主要保护对象以保护暖温带森林植被和珍稀野生动物猕猴为主的森林和野生动物类型自然保护区。保护区动物区系属古北界，也有东洋界动物分布。共有野生动物 354 种，其中，两栖动物 5 科 13 种、爬行动物 7 科 24 种、鸟类 50 科 269 种、兽类 16 科 48 种；属于国家一级保护野生动物有金钱豹、金雕、黑鹳、大鸨、原麝等 7 种，二级保护野生动物有勺鸡、红隼、猕猴、大鲵等 45 种，列为山西省重点保护的野生动物有红翅旋壁雀等 26 种。

8. 安徽扬子鳄保护区

安徽扬子鳄保护区位于中国安徽省宣城地区广德、宣州、南陵、郎溪、泾县五个县市域内，面积 44300 公顷，主要保护对象为中国特有的爬行动物扬子鳄及其生存环境。安徽扬子鳄国家级自然保护区分布有我国特有的，也是现存最古老的爬行动物——有"活化石"之称的扬子鳄。扬子鳄与美洲密西西比河鳄为目前世界上仅存的两种淡水鳄，数量极其稀少。目前，扬子鳄的种群得到较大幅度的增长，初步解除了该种濒临灭绝的危险。

9. 惠东港口海龟保护区

惠东港口海龟保护区位于广东沿海惠东县稔平半岛的最南端，是亚洲大陆唯一的海龟自然保护区，是世界上最北端的海龟自然保护区，也是中国大陆目前唯一的绿海龟按期成批的洄游产卵的场所。中国沿海只有这里常年能见到雌海龟上岸产卵，这里在历史上也一直是海龟产卵的场所，当地人称其"海龟湾"。保护区面积 4 平方千米，三面环山，一面濒海，沙岸面积仅 0.1 平方千米，环境僻静。近岸海底沙质，有少量礁石，水深 5~15 米，水质清澈，夏秋水温 28 摄氏度左右，常年海水盐度为 30% 以上。

10.张家界大鲵保护区

张家界大鲵保护区位于湖南省张家界市武陵源区内，面积 14285 公顷，主要保护对象为大鲵及其生活环境。本区地处武陵山脉东段，境内以山地为主，最高峰斗篷山海拔 1890.4 米，是湖南湘、资、沅、澧四大水系的发源地。由于太平洋东南季风受到武陵山脉的阻挡，形成当地的季雨林气候，其特点是四季分明，夏无酷暑，适宜的气候条件和发达的水系为国家重点保护野生动物大鲵的栖息和繁衍提供了良好的生境，因而使该保护区成为我国大鲵的集中分布区之一。除大鲵外，本区的其他野生动植物资源也非常丰富，已知的高等植物达 3000 余种，其中，珙桐、水杉、鹅掌楸等被列为国家重点保护的珍稀濒危植物。

六、中国十大最美雪山

1.梅里雪山——心中的日月

梅里雪山位于云南省迪庆藏族自治州德钦县东北部 10 千米处，是滇藏界山，传说是藏传佛教宁玛派的分支枷居巴的保护神。

梅里雪山又称雪山太子，被当地藏民视为"神山"。它位于横断山脉中段怒江与澜沧江之间，北连西藏阿冬格尼山，南与碧罗雪山相接，平均海拔在 6000 米以上的有 13 座山峰，被称为"太子十三峰"。它是康巴藏族人民心中的圣山，主峰卡格博峰海拔高达 6740 米，是云南的第一高峰。太子雪山以其巍峨壮丽、神秘莫测而闻名于世，早在 20 世纪 30 年代，美国学者就称赞卡格博峰是"世界最美之山"。中日登山队连续三次攀登，均未能达峰顶。卡格博峰下，冰斗、冰川连绵，犹如玉龙伸延，冰雪耀眼夺目，是世界稀有的海洋性现代冰川。

2.冈仁波齐雪山——众神的居所

冈仁波齐雪山位于中国西藏阿里地区普兰县境内，是冈底斯山的主峰。它形似金字塔，四壁非常对称。由南面望去可见到它的著名标志：由峰顶垂直而下的巨大冰槽与横向岩层构成的佛教"万"字格（佛教中精神力量的标志，意为佛法永存，代表着吉祥与护佑）。冈仁波齐在藏语中的意思是神灵之山，梵语中的意思是湿婆的天堂。

冈仁波齐是世界公认的神山，同时被印度教、藏传佛教、西藏原生宗教苯教以及古耆那教认定为世界的中心。冈仁波齐并非这一地区最高的山峰，但是只有它终年积雪的峰顶能够在阳光照耀下闪耀着奇异的光芒，夺人眼目。加上特殊的山形，与周围的山峰迥然不同，让人不得不充满宗教般的虔诚与惊叹。

3. 阿尼玛卿雪山——黄河之父

阿尼玛卿雪山也被称为积石山或玛积雪山。主峰玛卿冈日由海拔6282米、6254米、6127米的3个峰尖组成，最高峰海拔6282米，由于地势高峻，因而气候复杂多变，冰峰雄峙，冰川面积约150平方千米，有冰川57条。奇异的冰川世界，千姿百态，晶莹夺目，水资源丰富。冰川融水分别汇入黄河支流切木曲等水系，成为黄河上游的巨大固体水库。阿尼玛卿的含义就是"黄河流经的大雪山爷爷"。藏族人民称阿尼玛卿为"博卡瓦间贡"，即开天辟地九大造化神之一，在藏族人民信仰的21座神雪山中，排行第四，被称为斯巴侨贝拉格，专掌安多地区的山河浮沉和沧桑之变，是藏族的救护者。

4. 尕朵觉悟雪山——最神秘的神山

尕朵觉悟雪山位于青海省玉树州称多县尕朵乡，它和西藏冈仁波齐、云南梅里雪山、青海阿尼玛卿山，并称藏传佛教四大神山，是玉树人自视为其守护神的千古名山。其山势巍峨、险峻，具有一种粗犷的雄性美。整个尕朵觉悟雪山是由一系列千姿百态的山峰组成的山体群，主峰海拔5470米，平均海拔4900米。主峰山势雄伟、险峻，其他山峰则十分象形，奇特的山形鬼斧神工，造就了一系列美丽的传说。

5. 乔戈里峰——幽远的秘境

乔戈里峰位于新疆维吾尔自治区塔什库尔干塔吉克自治县境内，地处喀喇昆仑山脉中段，坐落在中国和巴基斯坦边界上。"乔戈里"，系塔吉克语，意为"高大雄伟"。海拔 8611 米，为新疆最高峰，在世界 14 座 8000 米级高峰中排名第 2 位。

乔戈里峰呈金字塔形，冰崖壁立，山势险峻。山峰顶部是一个由北向南微微升起的冰坡，面积较大。乔戈里峰两侧，就是长达 44 千米的音苏盖提冰川。

6. 珠穆朗玛峰——心灵的守望

珠穆朗玛峰坐落于喜马拉雅山脉中段的中国和尼泊尔边界上，北坡位于我国西藏自治区日喀则市定日县，南坡位于尼泊尔萨加玛塔专区。2005 年，中国国家测绘局（现已并入中华人民共和国自然资源部）测量的岩面海拔高度为 8844.43 米，是世界第一高峰。在藏语中，"珠穆"的意思为女神，"朗玛"为第三，珠穆朗玛峰也就是当地人民所亲切称呼的"第三女神之峰"，被称为地球的第三极。

珠穆朗玛峰的地形极端险峻，环境非常复杂，山顶终年冰雪覆盖，冰川面积达 1 万平方千米。山脊和峭壁之间分布着 548 条大陆型冰川，总面积达 1457.07 平方千米，平均厚度达 7260 米。冰川的补给主要靠印度洋季风带两大降水带积雪变质形成。冰川上有千姿百态、瑰丽罕见的冰塔林，又有高达数十米的冰陡崖和步步陷阱的明暗冰裂隙，还有冰崩雪崩危险区。

7. 南迦巴瓦峰——云中的天堂

南迦巴瓦峰位于西藏自治区林芝市米林县东北，地处喜马拉雅山脉、念青唐古拉山脉和横断山脉的交会处，喜马拉雅山脉的东端，海拔7782米，山下是雅鲁藏布大峡谷。南迦巴瓦在藏文中有双重释意，一为"雪电如火燃烧"，另一为"直刺蓝天的长矛"。藏族人历来将其视为通天之路、神灵的居所、凡人不可打扰的圣地，是"英雄之神"念青唐古拉的爱子，俊美且英武非凡。

由于不同板块在此处运动造山，形成了极其复杂的地质构造及异常险峻的地形。雅鲁藏布江大峡谷，沿着一系列断裂带发育，随着青藏高原分阶段的隆起，河流相应下切，使山峰至河谷高差达5000~6000米，成为世界罕见的高峰深谷，河水湍急，奔腾咆哮。

8. 贡嘎雪山——风止步的地方

贡嘎山位于四川省甘孜藏族自治州境内，海拔7556米，是横断山脉的最高峰，也是四川省的第一高峰，素有"蜀山之王"的美誉。"贡嘎山"藏语意为"圣洁的神山"。全山高峻挺拔，风光绮丽，积雪终年不化，远远望去，浮现在茫茫云海之上，庄严神秘，令人肃然生敬。

贡嘎山高峻，受海洋季风影响，雪线海拔4600~4700米，冰川发育规模较大，以贡嘎山为中心，贡嘎主峰周围有145座海拔五六千米的冰峰，形成了群峰簇拥、雪山相接的雄伟景象。

9. 念青唐古拉峰——草原上的天堂

念青唐古拉峰位于中国西藏自治区当雄县境内，是念青唐古拉山脉的主峰，海拔7162米。除主峰外，念青唐古拉峰还有3个峰，分别是念青唐古拉Ⅱ峰（海拔7117米）、念青唐古拉Ⅲ峰（海拔7111米）、念

青唐古拉Ⅳ峰（海拔 7046 米）。念青唐古拉峰与西藏第二大湖泊纳木错相邻。

念青唐古拉峰是一座银装素裹的雄峰，而在藏族民间传说中，则是一尊有着天鹅般姿态的神马，各种宝石镶嵌在华贵的马鞍上边。具有金刚焰般的大神，皮肤白皙、面带微笑、三只眼闪闪发光，雪白的长绸缠着他的顶髻。右手高举装饰着五股金刚杵的藤鞭，左手拿着水晶念珠，身披白、红、蓝三色缎面披风，以各种宝物作装饰，显得年轻英俊而且威严，由此可见藏民对它的崇敬与希望。

10. 托木尔峰——天山之巅

托木尔峰，位于新疆维吾尔自治区温宿县境内。地处中国与吉尔吉斯斯坦国境线附近，海拔 7443.8 米，是天山山脉的最高峰。"托木尔"，系维吾尔族语，意为"铁山"。它地形崎岖，峰峦峻拔，冰雪嵯峨，自然景色绮丽壮观。海拔 6995 米的汗腾格里峰与之遥相呼应，峰区冰川交错密接，好似条条玉龙，飞舞于寒山空谷之中。

受北冰洋和大西洋气流的影响，托木尔峰的夏季，山腰鲜花盛开，一派春天景象；山顶则是冰雪世界，终年积雪不化，景色十分宜人。

七、中华龙脉——大秦岭自然保护区

巍峨大秦岭，有着"中央国家公园"的美誉。因其丰富的生物多样性，在世界上有"世界生物基因库"之称，是国际上可与欧洲的阿尔卑斯山、美洲的落基山齐名的"三姐妹"名山。

莽莽大秦岭，横亘于中国内陆腹地，是中国南北方文化、东西部文化的聚合点和交会点。大地湾人、半坡人、蓝田猿人、郧西人和仰韶人曾在这里生活；伏羲画卦、女娲补天、后羿射日、夸父追日、炎帝神农尝百草、轩辕黄帝手植柏树、大禹治水、上古三朝等故事都发生在这里。这里是华夏文明的诞生地，奔腾着春秋战国、秦汉盛唐的时代风雷。中国历史上第一个奴隶制国家、第一个封建制国家、第一个东方帝国，都诞生在秦岭温暖宽厚的怀抱里；老子、秦始皇、刘邦、刘彻、李世民，在这里成就了他们的千秋伟业；道教文化、秦楚文化、巴蜀文化、中原文化、关陇文化和佛教文化都与她密不可分……这座绵延 1500 余千米的高山峻岭，就像一位襟怀坦荡、仁慈睿智的圣贤，

向我们彰显了华夏民族高贵丰满的灵魂以及她孕育成长的全部历程。

对于国人而言，秦岭其实已远远超出了"山"的概念。从某种意义上说，她是中华民族的脊梁，是华夏文明的龙脉，是中华民族的父亲山。

摊开中国地图，你会发现：秦岭是我国中部横贯东西的山脉，通常分为西秦岭（嘉陵江干流以西）、中秦岭（陕西境内）、东秦岭（崤山、熊耳山、伏牛山）。大多数人所称的秦岭，是指大秦岭的中段，位于陕西境内的北到渭河、南到汉江、西到嘉陵江、东到丹江的范围。

秦岭是中国地理天然的南北分界线，其南北的地质、地形、温度、气候、生物、土壤等均呈现差异性变化。秦岭以北是北方，气候四季分明，属于黄河流域。秦岭以南是南方，降雨丰沛，植被茂密，属于长江流域。

秦岭北麓峰谷相连，峪口众多。所谓"峪"是指山谷或峡谷开始的地方，由此孕育了众多的河流，其中较大的河流有 70 多条，这些河所在的山谷就是著名的"72 峪"。

秦岭 72 峪，已成为当下众多户外爱好者的向往之地，是徒步穿越、森林探险、登山攀岩、单车骑行等运动的理想之地。但要提醒的是，大秦岭是我国重要的生态保护屏障，为加大保护力度，许多地方已采取"封峪""封山"措施，所以，欲涉足大秦岭，必须提前咨询相关信息，并严格遵守当地保护规定。

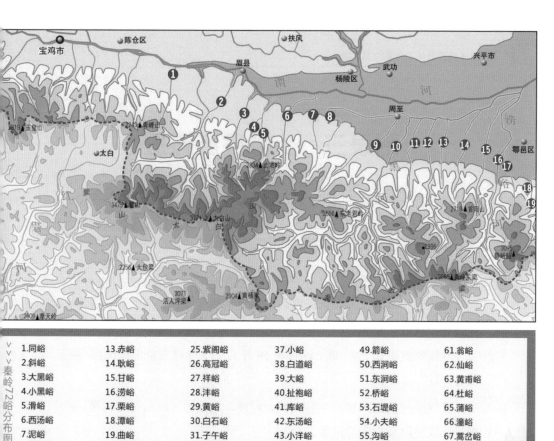

1.同峪	13.赤峪	25.紫阁峪	37.小峪	49.箭峪	61.翁峪
2.斜峪	14.耿峪	26.高冠峪	38.白道峪	50.西涧峪	62.仙峪
3.大黑峪	15.甘峪	27.祥峪	39.大峪	51.东涧峪	63.黄甫峪
4.小黑峪	16.涝峪	28.沣峪	40.扯袍峪	52.桥峪	64.杜峪
5.滑峪	17.栗峪	29.黄峪	41.库峪	53.石堤峪	65.蒲峪
6.西汤峪	18.潭峪	30.白石峪	42.东汤峪	54.小夫峪	66.潼峪
7.泥峪	19.曲峪	31.子午峪	43.小洋峪	55.沟峪	67.蒿岔峪
8.竹峪	20.化羊峪	32.抱龙峪	44.岱峪	56.方山峪	68.麻峪
9.西骆峪	21.黄柏峪	33.天子峪	45.辋峪	57.葱峪	69.太公峪
10.黑峪	22.鸽勃峪	34.石砭峪	46.道沟峪	58.柳峪	70.善车峪
11.就峪	23.乌桑峪	35.太峪	47.清峪	59.大敷峪	71.桐峪
12.田峪	24.太平峪	36.土门峪	48.大岔峪	60.竹峪	72.西峪

秦岭72峪分布图和名录

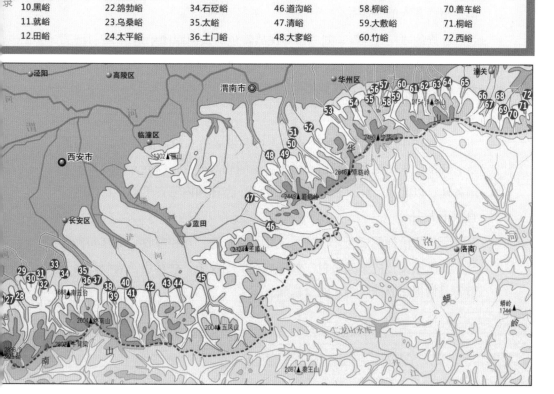

附录三　少数民族概况

我国是一个多民族的国家，每个民族都有自己的文化和风俗习惯，如果您想去全国的名山大川走走，一定要尊重当地少数民族的文化和风俗习惯，不要触犯当地少数民族的禁忌。

1. 壮族

壮族是我国第一大少数民族，主要分布在广西、云南、贵州等地，广西壮族自治区是壮族的主要分布区。

壮族曾被称作"僮"族。1965年10月12日，周恩来总理建议把"僮"改为"壮"。

壮族民间信仰多神，崇拜天神、雷神、土地神、巨石神、树神、蛙神、花婆神以及祖先神灵等。

稻米是壮族人民的主食。嚼槟榔是壮族的传统习俗，有些地方，槟榔是招待客人的必需品。

壮族的"三月三"、刘三姐等民族特色为人们津津乐道。"三月三"歌圩节是壮族的民歌集会，是"以歌代言""以歌择偶"的一种社交活动。壮族节日多与当地汉族相同。

2. 满族

满族在中国55个少数民族中人口数量居第二位。满族有自己的语言、文字，东北地区的"白山黑水"是满族的故乡，满族人口分布于全国各地，以北京、辽宁、河北、黑龙江、吉林和内蒙古等省、自治区、直辖市为主。

满族曾信仰萨满教。满族与汉族文化结合，互相吸收，但其间仍然显示出满族文化的某些特色。如满族春节吃饺子、萨其玛，满族过端午节不是祭祀屈原而是为了健身祛病。

3. 回族

回族是中国人口较多的一个少数民族，全国各省、自治区、直辖市均有分布。宁夏回族自治区是其主要聚居区，北京、河北、内蒙古、辽宁、安徽、山东、河南、云南、甘肃和新疆等地的回族人口比较集中。

当代回族通用汉语，不同地区使用不同方言。

回族信仰伊斯兰教，每年主要过三个重大节日，即开斋节、古尔邦节和圣纪节，节日均以伊斯兰教历计算。回族在饮食习惯、服饰装饰、诞生命名、成年仪式、婚姻和丧葬、节日等习俗上，都有浓厚的伊斯兰教色彩。

4. 苗族

苗族人口在少数民族中人口数量居第四位，主要分布在中国的贵州、湖南、湖北、四川、云南、广西、海南等省区。

苗族有自己的语言，苗族的宗教信仰主要是自然崇拜和祖先崇拜。

苗族喜饮酒，以酒待客，久之形成了一套喝酒的传统习俗和礼仪。宴饮和敬酒时，有唱酒歌的习俗。酸、辣二味，是苗族生活中不可缺少的味道。

5. 维吾尔族

维吾尔族信仰伊斯兰教，主要聚居在新疆维吾尔自治区，主要分布在天山以南，塔里木盆地周围的绿洲。维吾尔族使用维吾尔语和文字。

维吾尔族的传统饮食以面食为主，喜食牛、羊肉，蔬菜吃得相对较少。维吾尔族喜欢饮茶，主食的种类很多，最常吃的有馕、抓饭、包子、拉面等。

维吾尔族不论男女老幼都喜欢戴四楞花帽。

6. 土家族

土家族主要分布在湖南、湖北、重庆、贵州交界地带的武陵山区。土家族有自己的民族语言，没有本民族文字，通用汉文。土家族信仰多神，表现为自然崇拜、图腾崇拜、祖先崇拜。

土家族民间非常重视传统节日，自年始至年终，可谓月月有节。

土家族日常主食玉米、稻米，辅以红薯、马铃薯等。土家族喜欢饮酒，其中常见的是用糯米、高粱酿制的甜酒，边吸边食，边唱边跳，载歌载舞。

7. 彝族

彝族是中国第六大少数民族，民族语言为彝语，主要分布在云南、四川、贵州、广西的高原与沿海丘陵之间，凉山彝族自治州是全国最大的彝族聚居区。

彝族的宗教信仰基本上还处于自然崇拜、图腾崇拜、祖先崇拜的原始宗教阶段。彝族的主食为土豆、玉米、荞麦、大米等，彝族待客以酒为主，喜吸叶子烟。

彝族的传统节日是火把节。节日期间，人们身着盛装，集中在村寨附近的平坝或缓坡上，唱歌、跳舞、赛马、斗牛、斗羊、摔跤、选美……活动的内容丰富多彩，热闹非凡。节日晚上，要举着火把在庄稼地中转悠，意为烧死害虫，祈求庄稼丰收。

8. 蒙古族

蒙古族拥有自己的语言和文字，主要生活在内蒙古自治区和东北地区，在新疆、河北、青海也有分布，藏传佛教、萨满教是蒙古族信奉的宗教。

蒙古族是一个酷爱音乐的、能歌善舞的马背上的民族，在马头琴的伴奏下跳"马刀舞""筷子舞""安代舞""盅碗舞"等。蒙古族喜欢住在草原上一种呈圆形尖顶的天穹式的蒙古包里。

9. 藏族

藏族是青藏高原的原住民，主要分布在西藏自治区、青海省和四川省西部，云南迪庆、甘肃甘南等地区。藏族有自己的语言和文字，信仰藏传佛教。

藏族节日繁多，基本上每个月都会有节日，敬献哈达是藏族待客规格最高的一种礼仪，表示对客人热烈的欢迎和诚挚的敬意。青稞酒、酥油茶和糌粑是藏族的主要饮食。

藏族人无论是行走还是言谈，总是以客人或长者为先，并使用敬语，如在名字后面加个"啦"字，以示尊敬和亲切，忌讳直呼其名。

客人室内就座，要盘腿端坐，不能双腿伸直，脚底朝人，不能东张西望。

接受礼品，要双手去迎接。赠送礼品，要躬腰双手高举过头。敬茶、酒、烟时，要双手奉上。

10. 布依族

布依族是中国西南地区一个较大的少数民族，民族语言为布依语，文字通用汉文。布依族主要分布在贵州、云南、四川等省，其中，以贵州省的布依族人口最多。

布依族信仰祖先和多种神灵。崇拜山、水、井、洞及生长奇特的古树里的神灵。

布依族人民以大米为主食。

11. 侗族

侗族主要分布在贵州、湖南、广西、湖北、广东等地。民族语言为侗语，没有本民族文字，信仰多神。

侗族主要从事农业，种植水稻已有悠久的历史。侗家好客，以酒为礼，以酒为乐。糯米、油茶和鱼是侗族人民最喜爱的传统食品。

侗族号称"歌的海洋"，民族舞蹈有芦笙舞。

12. 瑶族

瑶族是中国华南地区分布最广的少数民族，是中国最长寿的民族之一。瑶族分布在广西、湖南、广东、云南、贵州和江西五省（区），其中，以广西为最多。瑶族有本民族的语言，但没有文字。

瑶族以玉米、稻米为主食。瑶族盛行"打油菜"，即以油炒泡开茶叶，然后煎成浓汤，再加食盐调味，然后用以冲泡炒米花及炒黄豆等物，具有特殊的风味，有的以此代替午餐。

13. 朝鲜族

朝鲜族主要分布在吉林、黑龙江、辽宁三省，集中居住于图们江、鸭绿江、牡丹江、松花江及辽河、浑河等流域。朝鲜族有本民族的语言和文字。

朝鲜族一般喜着白衣素服，显示出喜爱清净朴素的特性，故有"白衣民族"之称。

朝鲜族喜欢吃狗肉（婚丧及节日不吃）、米饭、冷面和辣白菜。

朝鲜族在节日中喜欢跳长鼓舞、扇子舞、象帽舞，热爱摔跤、荡秋千、跳板等体育活动。

14. 白族

白族是中国第十五大少数民族，主要分布在云南、贵州、湖南等省，其中，以云南省的白族人口最多。

本族崇拜是白族全民信奉的宗教，白族有本民族的语言和民族文字。

三月街是白族的盛大节日。著名的"三道茶"是白族的待客礼仪。

白族吃饭时不能掉饭粒；吃完饭，要把筷子规规矩矩地放在自己的碗边，不能乱丢乱放。

农历三月十五是蛇的节日，白族人家家门前和墙脚都要撒石灰，避蛇入户。

15. 哈尼族

哈尼族主要分布于中国云南元江和澜沧江之间，民族语言为哈尼语。现代哈尼族使用以拉丁字母为基础新创制的拼音文字。哈尼族的宗教信仰主要是多神崇拜和祖先崇拜。

哈尼族主要从事农业，善于种茶。驰名全国的"普洱茶"的重要产区就在哈尼族聚居区。

哈尼族能歌善舞。乐器有三弦、四弦、巴乌、笛子和葫芦笙等。

哈尼族日食两餐，以大米为主，玉米为辅，将瘦肉剁细，与大米、姜末、八角、草果一起熬粥，爱吃糯米粑粑，用芭蕉叶包着与腌肉一起吃。

16. 哈萨克族

哈萨克族主要聚居在新疆维吾尔自治区，民族语言为哈萨克语，信仰伊斯兰教。

哈萨克族的饮食与游牧生活有密切联系，主要有茶、肉、奶和面食。"奶是哈萨克的粮食"，主要由羊奶、牛奶、马奶、骆驼奶制成，有鲜奶子、酸奶子、奶皮子、奶豆腐、奶疙瘩、酥油、奶糕、马奶酒等。

17. 黎族

黎族是海南岛最早的居民，讲黎族语言，1957 年在党和政府帮助下创制了以拉丁字母为基础的黎族文字。信仰仍处在原始宗教阶段。

黎族主要聚居在海南省内，贵州省也有少量分布。

黎族一般日食三餐，以大米为主，把生鱼、肉掺以炒米粉，加入少许食盐，用陶罐封存制作而成的肉茶、鱼茶是黎家腌制的特色风味食品。

槟榔是妇女的嗜品，吃时和以贝壳灰，用一种青蒌叶包着吃。

民间乐器有鼻箫、口弓（口琴）、水箫（洞箫）等。鼻箫用鼻孔吹奏，声音柔和低沉。口弓用薄竹片或铜片制成，吹奏时用手指弹动弓片。

18. 傣族

傣族有本民族的语言和文字，主要聚居在云南省的西双版纳傣族自治州和德宏傣族景颇族自治州。傣族普遍信仰南传（上座部）佛教和原始宗教。

傣族视孔雀、大象为吉祥物，民间故事丰富多彩。傣族人民喜欢依水而居，爱洁净、常沐浴，妇女爱洗发，故有"水的民族"的美称。泼水节是傣族人民的传统节日，孔雀舞是傣族最具代表性的舞蹈。

傣族未成年的男子几乎都要过一段僧侣生活，识字念经，除苦积善，成为受教化的新人，然后还俗回家，才能在成年后有社会地位，有的选择终身为僧。

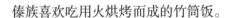

傣族喜欢吃用火烘烤而成的竹筒饭。

19. 畲族

畲族有自己的畲语，通用汉字，分布在福建、浙江、江西、贵州、广东等地。

畲族主要是祖先崇拜和图腾崇拜。"三月三"是畲族的传统节日，要吃一种用植物的汁液将糯米饭染成乌色的乌米饭，以缅怀祖先。

20. 傈僳族

傈僳族有本民族语言，文字分为新傈僳文、老傈僳文。

傈僳族主要分布于怒江、恩梅开江（伊洛瓦底江支流）流域地区，也就是中国云南、西藏与缅甸克钦交界地区。傈僳族认为山有山灵，树有树鬼，水有水神，几乎一切自然现象都成了他们信奉和崇拜的对象。

傈僳族人民有"春浴"的风尚。凡有温泉的地方，都是傈僳族人们欢聚沐浴的场所。过节期间，有唱歌比赛、射弩比赛、过溜索比赛和上刀山下火海表演。

民歌几乎成了傈僳族人民的"第二语言"，无论是在各种生产活动中，还是婚丧嫁娶时，傈僳族都要唱歌。

21. 仡佬族

仡佬族主要聚居在贵州，散居在云南和广西。

民族语言为仡佬语，没有本民族的文字，通用汉语。仡佬语崇拜祖先，奉祀竹王、蛮王老祖、山神。

仡佬族副食中，以糯米糍粑为珍贵食品，年节打粑"祭祖"，喜庆待客。仡佬族喜喝"茶羹"，用猪油于锅内爆炒青茶，然后掺水熬煮，待水微干，用木瓢搋茶成糊状，其味浓烈喷香，别具一格。

22. 东乡族

东乡族是甘肃省的一个少数民族，有本民族的语言，没有本民族的文字，汉文为东乡族的通用文字。东乡族是中国十个全民信仰伊斯兰教的少数民族之一。东乡族主要聚居在甘肃省临夏回族自治州境内洮河以西、大夏河以东和黄河以南的山麓地带。

东乡族主要以小麦、豆子、青稞等面食和土豆为主食，东乡族特别喜欢饮茶，在盖碗内放有茶叶、冰糖、桂圆、红枣、葡萄干等物，叫"三炮台"。

东乡人会唱会编流传于当地的民歌"花儿"。

23. 高山族

高山族主要居住在中国台湾省，也有少数散居在福建、浙江等省。高山族有自己的语言，没有本民族文字。高山族还保留有原始宗教的信仰和仪式，崇拜精灵。

高山族以稻作农耕经济为主，以渔猎生产为辅。高山族爱喝酒和嚼槟榔，普遍爱食用姜，有的直接用姜蘸盐当菜，有的用盐加辣椒腌制。

节日有"丰收祭"，这一天，族人自带一缸酒到场，围着篝火，边跳舞、边吃、边饮酒，庆贺一年的劳动收获。

24. 拉祜族

拉祜族是中国最古老的民族之一，民族语言为拉祜语，拉祜族有拉丁字母文字。崇拜多神。拉祜族主要分布在云南澜沧江西岸。

拉祜族历史上"重自由，轻迁徙"，生产状况长期处于刀耕火种的原始生产方式阶段。

拉祜族过去有日食两餐的习惯，主食为当地生产的大米和玉米。喜用鸡肉或其他配料加大米或玉米做成稀饭，有瓜菜、菌子、血、肉等各种稀饭，其中，鸡肉稀饭为上品。拉祜族平时喜饮烤茶，用陶制小罐把茶叶烤香，然后注入滚烫的开水品茗。

火把节是拉祜族盛大的节日，各家各户都要在房前屋后插一对松明扎成的火把，还在寨子中间的广场上插一对大火把。火把点燃后，全家团聚共餐，有的还互邀亲朋好友来家作客，饭后青年男女会聚集在广场上跳芦笙舞，直至天亮。

25. 水族

水族有本民族的语言和传统文字,分布在贵州、广西、云南、江西等省和自治区。

水族认为万物有灵而崇奉多神,有自然崇拜和祖灵崇拜。水族有本民族的历法——水历。

水族以大米为主食,喜食酸辣味,有"无菜不酸,无辣不食"的习俗。

一年中,水族的节日有 20 多个。水族的民间舞蹈艺术有铜鼓舞、角鼓舞、芦笙舞等。

26. 佤族

佤族主要居住在中国云南省西南部。佤族的民族语言为佤语,没有通用文字。佤族相信灵魂不灭和万物有灵。

佤族的饮食比较简单,普遍食用软糯但不稀的佤族烂饭,一般日食两餐或三餐。过去,佤族在吃饭时大都用手抓食,现在都用筷子和勺。

佤族喜欢喝酒,将小红米煮熟拌入酒曲发酵,约半个月后将其放在竹筒内掺入冷水,即成水酒。佤族有"无酒不成礼,说话不算数"的说法。佤族还喜欢饮苦茶、吸草烟和嚼槟榔。

享誉中外的木鼓舞和甩发舞,具有佤族文化的深厚底蕴和浓郁的民族特色。

27. 纳西族

纳西族为云南特有的民族之一,绝大部分居住在云南西北部,也有少数分布在四川和西藏。信仰本民族的本土宗教——东巴教,也信仰藏传佛教。纳西族有本民族语言,纳西族有祭司东巴用来书写经书的两种文字,另一种是图画象形文字。

纳西族一日有三餐。早餐一般吃馒头或水焖粑粑。纳西族名菜是"酿松茸",是用松茸菌帽,酿入肉泥,蒸熟的一道传统菜肴。

"丽江古乐"是纳西族与汉族多元文化相融汇的艺术结晶。

28. 羌族

羌族源于古羌，是中国西部的一个古老的民族。羌对中国历史发展和中华民族的形成都有着广泛而深远的影响，民族语言为羌语。

羌族被称为"云朵上的民族"，主要分布在四川省及贵州省的高山或半山地带，信仰原始宗教和自然崇拜。

羌族主食有玉米、土豆、小麦、青稞，辅以荞麦、莜麦和各种豆类，人们普遍吸兰花烟，还喜欢饮咂酒。咂酒使用细竹管吸饮坛中酒，是羌族地区流行的一种特殊饮酒方式。

羌族的居住用房叫碉房，呈方形，一般分三层，上层堆放粮食，中层住人，下层圈养牲畜。楼层之间用独木做的锯齿状楼梯连接。房顶可脱粒、晒粮、晾衣。碉房就地取材，以土石为料，不绘图、不吊线，也不用柱架支撑，均由当地的男劳力垒石砌成。他们巧妙地结合地形，分台筑室，碉房形式多样，层次不一，冬暖夏凉，牢固耐用。

29. 土族

土族是中国人口比较少的民族之一，有本民族的语言和以汉语拼音字母为字母形式的土语文字。

土族主要聚居在青海和甘肃，信仰藏传佛教、道教、多神教、萨满教等。

一般土族家庭日常主食以青稞为主，小麦次之，土族的蔬菜较少，平日多吃酸菜，辅以肉食，爱饮奶茶，吃酥油炒面。

土族的音乐主要是青海"花儿"。

30. 仫佬族

仫佬族的民族语言为仫佬语，没有本民族的文字，通用汉字。仫佬族主要分布在广西壮族自治区，贵州省也有分布。仫佬族的民间信仰处于较为原始阶段。

仫佬族主食大米、玉米和薯类，喜爱酸辣，家家腌有酸豆角、酸刀豆、酸蒜头等作为佐食之用。

31. 锡伯族

锡伯族是我国少数民族中历史悠久的古老民族。锡伯族原居东北地区，乾隆年间清廷征调部分锡伯族西迁至新疆。今锡伯族多数居住在辽宁、新疆、黑龙江、吉林等地。锡伯族有自己的语言与文字。东北的锡伯族在语言、衣食、居住等方面与汉族相同。信仰萨满教和藏传佛教。

发面饼几乎是新疆锡伯族一日三餐之必备食品，称"发拉哈额分"，又称"锡伯大饼"，锡伯族人几乎每天都要吃。这种饼用面粉、碱面和水制成，在锅中烙出来，一般直径在 30~40 厘米，厚度约 1 厘米。东北的锡伯族习惯做猪血灌肠。也喜食用煮熟的猪血，拌成酱状，并配以蒜泥或葱花单独做成菜肴。

32. 柯尔克孜族

柯尔克孜族是聚居于新疆的少数民族，国外称作吉尔吉斯族，民族语言为柯尔克孜语，大多数柯尔克孜人信仰伊斯兰教。

柯尔克孜族的饮食，以牛、羊、马、骆驼、牦牛肉和奶制品为主，几乎一日三餐都离不开肉、奶和乳制品。小麦、青稞、蔬菜在柯尔克孜族的饮食中，只是辅助食品。

33. 达斡尔族

达斡尔族有自己的语言，现使用拉丁字母为基础的文字。主要分布在内蒙古、新疆、黑龙江。信仰萨满教。

达斡尔族的传统居住建筑是以松木或桦木为栋梁房架，土坯垒墙，里外抹几层黄泥，顶苫房草。

达斡尔族喜欢用新鲜的白菜叶和盐、青辣椒、芹菜、蒜、香菜等配料碾压成沫，口感微辣、清香，可以当咸菜吃，还可炖菜吃，吃面条可做卤，用它还可炖肉、炖豆腐、炖土豆。

34. 景颇族

景颇族聚居在云南省，有自己的语言和文字。超自然信仰是景颇族的传统宗教信仰。

竹筒饭和鸡肉稀饭是景颇人喜爱的特色主食，菜肴以辣著称。景颇族喜欢喝烧酒和自制的水酒。景颇族老人喜好嚼烟，他们把草烟和适量的熟石灰膏、干芦子放入口中咀嚼，有提神、醒脑、防龋固齿的功效。

35. 毛南族

毛南族是中国人口较少的山地民族之一，民族语言为毛南语，通用汉语。毛南族主要聚居在广西和贵州。毛南族以信奉原始宗教为主。

饮食风俗中一个最大特点就是"百味用酸"，尤以"毛南三酸"最有名，喜爱腌制酸肉、酸螺蛳、酸菜，这些都是待客的传统佳肴。

毛南族居住的大石山区，到处有石头，因此房基或山墙多用精制的料石砌成。

吃饭时，要让老人坐上席，有好吃的，首先要给老人，晚辈要给老人斟酒添饭，敬茶献烟。

36. 撒拉族

撒拉族是中国信仰伊斯兰教的少数民族之一，主要聚居在青海和甘肃省。民族语言为撒拉语，无文字，通用汉语。

撒拉族有一种传统特色食品叫"比利买海"，又称"油搅团"，用植物油、面粉制成。麦茶和果叶茶是撒拉族男女老幼最喜爱的饮料。麦茶是将麦粒炒焙半焦捣碎后，加盐和其他配料，以陶罐熬成，味道酷似咖啡；果叶茶是用晒干后炒成半焦的果树叶子制成，别有风味。

撒拉族的特有乐器是口弦，是将一火柴杆粗的细铜或白银制成马蹄形状，中间嵌一片极薄极细的黄铜片，尖端弯曲，含入口中靠舌尖拨动或夹在牙缝用指弹拨发音。

37. 布朗族

布朗族是一个拥有着悠久历史的少数民族，民族语言为布朗语，没有本民族的文字。布朗族主要分布在云南省西部。除了信仰南传佛教外，布朗族还保留着许多原始宗教的传统信仰。

茶叶就是布朗族先民栽培的著名物产，布朗族地区是"普洱茶""勐

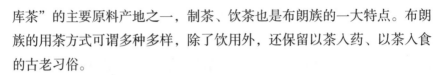

库茶"的主要原料产地之一，制茶、饮茶也是布朗族的一大特点。布朗族的用茶方式可谓多种多样，除了饮用外，还保留以茶入药、以茶入食的古老习俗。

38. 塔吉克族

塔吉克族属欧罗巴人种，聚居在新疆帕米尔高原上。民族语言为塔吉克语，信仰伊斯兰教。

塔吉克族在高山牧场上放牧牲畜，在低谷农田中种植庄稼，善于制酥油、酸奶、奶疙瘩、奶皮子等奶制品。

塔吉克人的很多竞技活动都与马有关，如叼羊、赛马、骑马射箭等。

39. 阿昌族

阿昌族是云南特有的、人口较少的七个少数民族之一，聚居在云南德宏傣族景颇族自治州。民族语言为阿昌语，无本民族文字，使用汉字。阿昌族信仰南传佛教、万物有灵和祖先崇拜。

阿昌族人民打铁、制刀的技术很高，打制的铁器经久耐用，特别是长刀、尖刀、砍刀、菜刀、剪刀、镰刀等锋利美观。

有贵宾自远方来，好客的阿昌人要在村口请宾客喝"进寨酒"。阿昌族饮食以大米为主食，辅以面食，嗜食酸笋、酸菜等食物，也喜食火烧猪肉。

40. 普米族

普米族是中国具有悠久历史和古老文化的民族之一，分布在云南和四川。民族语言为普米语，没有本民族的文字，通用汉文。普米族信仰本教、韩归教和藏传佛教。

普米人的饮食方式有石头烤粑粑、羊胃煮肉、木桶煮食。糌粑面是普米族的传统食品，做法是将粮食炒熟，放在手碓或脚碓中舂成糌粑面，用冷水或开水冲食之。喝茶时可将糌粑面作点心，外出劳动、打猎、旅行时可随身携带。

普米人有喝茶的嗜好。一日至少分早茶、中午茶和晚饭茶三茶，先在茶桶内放一块酥油，加入少量盐和瓜子仁，将开水倒入桶中，用打茶棍在桶内搅拌，直到油水融为一体，倒出后即可饮用。普米人使用牛角杯盛水酒，称为牛角酒。

41. 鄂温克族

鄂温克是鄂温克族的民族自称，含义是"住在大山林中的人们"。鄂温克人多数使用本民族语言，没有本民族的文字。鄂温克牧民大多使用蒙古文，农民则广泛使用汉语。鄂温克族分布在内蒙古和黑龙江，多信萨满教和喇嘛教。

鄂温克人是从游牧发展到定居的。鄂温克族是一个地道的食肉类民族。他们在日常饮食中以肉类为主，有时甚至一天三餐都离不开肉。

驯鹿曾是鄂温克人唯一的交通工具，被誉为"森林之舟"。鄂温克猎民发明制作了滑雪板作交通工具，并用来追赶各种野兽。他们还发明制作舟船。最初他们用 5 米多长的粗大原木刳木为舟，可乘 1~2 人。后来，他们利用桦树皮制造桦皮船，可乘 3 个人。

42. 怒族

怒族是中国人口较少、使用语种较多的民族之一，使用汉文，讲傈僳语和怒语。怒族主要居住在云南省怒江傈僳族自治州和西藏自治区的察隅县等地，主要信奉原始宗教，认为万物有灵。

怒江大峡谷和高黎贡山层峦叠嶂，悬崖陡峭，谷中水流湍急，两岸的怒族人民发明了溜索这种古老的渡江工具飞渡往来。

怒族习惯于日食两餐。其主食绝大部分以玉米为主。玉米的食用方法从爆米花逐渐发展为煮焖成类似玉米面稠糊的玉米稀饭，做成玉米粑粑。

43. 京族

京族也称为越族，民族语言为京语，中国境内的京族主要分布在广西壮族自治区防城港市，主要聚居在东兴市江平镇的澫尾、山心、巫头三个海岛上。三岛素有"京族三岛"之称。京族的宗教信仰为多神教。

京族沿海而居，海域捕鱼自然也就成了他们主要的经济生活。渔民一般都兼营农业。渔箔是京族渔猎生产中发明的独特传统设施，渔箔颇像古代的八卦阵。涨潮时，潮水带着鱼、虾淹没了箔地；退潮时，鱼、虾被困于渔箔之中。

　　妇女爱嚼槟榔。京族人最爱吃、最会烹饪的是鱼、虾。京族男女爱吃一种香脆爽口的圆糍粑"风吹饼"。"风吹饼"用大米磨粉蒸熟，撒上芝麻后风干，然后放在炭火上烤制而成。京族人家普遍喜吃糖食，喜欢用糯米糖粥来招待客人。

44. 基诺族

　　基诺族是云南省人口较少的七个特有民族之一，民族语言为基诺语，没有文字，过去多以刻木、刻竹来记数、记事，通用汉语。

　　基诺族主要聚居于云南省西双版纳傣族自治州。除具有一定的祖先崇拜和对诸葛孔明尊奉外，基诺族占主要地位的宗教观是万物有灵思想。

　　基诺族食用大米很讲究，要吃好米、新米，陈仓米多会被用来喂养家畜或酿酒。早餐通常把糯米饭用手捏成团吃，午餐多把米饭用芭蕉叶包好带到地里随时加盐和辣椒食用。基诺族喜酸、辣、咸口味，酸笋是主要的家常菜。竹筒烤饭、芭蕉叶烧肉都是基诺族最具特色的风味佳肴。

45. 德昂族

　　德昂族，也称"崩龙族"，是中缅交界地区的山地少数民族，没有本民族的文字，因长期与傣、汉、景颇等民族相处，许多人通傣语、汉语和景颇语。德昂族主要分布在云南省德宏、保山、临沧，是全民信仰佛教的民族。

　　德昂族的建筑以竹楼著称，具有对称、和谐、严谨、庄严的美学特征。

　　茶是德昂族最重要的饮料，尤其是成年男子和中老年妇女几乎一日不可无茶，而且好饮浓茶。他们喝茶时，常常将一大把茶叶放入一个小茶罐里加水少许熬煮，待茶呈深咖啡色时，再将茶水倒在小茶盅里饮用。由于这种茶非常浓厚，所以一般人喝了极易兴奋，夜晚会彻夜难眠。德昂人因经常饮用，容易上瘾。

泼水节是德昂族一年一度的传统佳节。

46. 保安族

保安族是中国人口较少的民族之一，散居在甘肃、青海、新疆等地。民族语言为保安语，由于和周围汉族、回族长时期的交往，保安语中的汉语借词较多，通用汉文，以汉文作为社会交往的工具。保安族信仰伊斯兰教。

保安族日常饮食多以牛、羊肉和小麦、青稞、玉米、豆子等加工制成的面食为主，喜欢将牛、羊肉切块，加胡萝卜、土豆、粉条等炖成一锅食用。保安族喜欢喝盖碗茶。

保安族喜欢唱青海"花儿"。

47. 俄罗斯族

俄罗斯族是古代俄罗斯移民的后裔，讲俄语，使用俄文。俄罗斯族大多信仰东正教，少数人信仰基督教。集中聚居在新疆维吾尔自治区西北部、黑龙江北部和内蒙古自治区东北部。

俄罗斯族主食是小麦面包，多为烘烤时中间裂开的长形大面包，叫作"列巴"，进食时将其切成片状，上涂果酱或奶油，副食有红甜菜汤、酸牛奶及各种做法的鱼。俄罗斯族男子喜欢喝伏特兑白酒，以及自制的似啤酒的"格瓦斯"饮料。家庭主妇多善于烤制各种香甜可口的面包和饼干。

俄罗斯族的节日主要有圣诞节和复活节。

48. 裕固族

裕固族是以畜牧业为主的民族，主要聚居在甘肃省肃南裕固族自治县的草原上，信仰藏传佛教。裕固族使用裕固语、汉语。

裕固族牧民的饮食以酥油茶、糌粑和奶皮子等乳制品为主。每日通常是三茶一饭，即早晨、中午、下午各喝一次酥油奶茶，晚上全家人在一起吃一顿羊肉面片或米饭，有时也吃烤馍馍和烤花卷等。

手抓羊肉、肉肠是裕固族人最喜爱吃的风味食品。喝奶茶的习惯在裕固族一直保留着。

49. 乌孜别克族

乌孜别克族聚居在新疆，民族语言为乌孜别克语，有自己的文字，信仰伊斯兰教。

馕是乌孜别克族的主食。油馕和用羊肉丁、孜然粉、胡椒粉、洋葱末等佐料拌馅烤制的肉馕、奶茶是乌孜别克族人在日常生活中不可缺少的食物和饮料。抓饭是乌孜别克族用来招待宾客的风味食品之一。

乌孜别克族人民喜爱的传统小吃还有米肠子、面肺子，是将羊肠和羊肺洗至白净，将调好的米、肝、心等馅料灌入肠内。洗面筋，把面浆灌挤入肺叶，加入调料。然后把米肠子、面肺子、羊肚子及面筋一起放入锅内煮。熟后取出切成片块，食用时，蘸以酱油、醋、辣椒等佐料，风味独特。

50. 门巴族

门巴族是中国具有悠久历史文化的民族之一，主要分布在西藏自治区东南部的门隅和墨脱地区。民族语言为门巴语，无本民族文字，通用藏文，信奉喇嘛教。

门巴族的主食主要有荞麦饼、玉米饭、大米饭和鸡爪谷糊。鸡爪谷，因谷穗形似鸡爪，故得名，产于墨脱和珞隅地区。鸡爪谷的食用方法一般是炒熟后磨成面后干食，也可做成黏坨食用。鸡爪谷还是酿酒的优质原料。墨脱门巴族酿造的"邦羌"酒，主要是以鸡爪谷为原料酿制成的。

墨脱地区，河网密布，门巴族最具特色的过江工具是藤网桥。

51. 鄂伦春族

鄂伦春族是中国东北部地区人口最少的少数民族之一，是狩猎民族，主要居住在大兴安岭山林地带，使用鄂伦春语，没有文字，信奉萨满教。

狩猎是出于鄂伦春族人的生存需要，一年四季他们都游猎在茫茫的林海中。猎马和猎狗是鄂伦春族猎民不可缺少的帮手，被称为"猎人的伙伴"。鄂伦春人传统的交通工具主要有驯鹿、马、桦皮船、兽皮船、木筏、滑雪板和雪橇等。

鄂伦春人喜欢将擀好的面一片片揪进滚开的白水里，捞出后拌熟肉片、食盐、野韭菜花等佐料，倒入加热的野猪油或熊油，拌匀后食用。稠李子粥是鄂伦春族一种特殊的吃法，将稠李子放入粥中煮，爆开呈粉红色即可食用，色艳味美。

52. 独龙族

独龙族是中国人口较少的少数民族之一，也是云南省人口最少的民族，大都居住在独龙江河谷两岸的山坡台地上，使用独龙语，没有本民族文字。独龙族人相信万物有灵，崇拜自然物。

独龙族男女均散发，少女有文面的习惯。独龙族的传统节日是过年，人们祭祀天鬼山神、共吃年饭、唱歌跳舞，通宵达旦。

53. 塔塔尔族

塔塔尔族有本民族的语言，有以阿拉伯文字为基础的文字，主要信仰为伊斯兰教。塔塔尔族分布于我国新疆维吾尔自治区。

塔塔尔族风味食品是"古拜底埃"和"伊特白里西"。"古拜底埃"是将大米洗净后晾干，上覆奶油、杏干、葡萄干，再放在火炉中烤制而成的一种饼，味道香甜可口；"伊特白里西"做法与"古拜底埃"相同，不同的是材料是以南瓜为主，再加入米和肉。

塔塔尔族妇女善于制作各种糕点，味美可口、品种繁多，而且形状也很美观。塔塔尔族除喜欢饮各类茶外，还喜欢喝奶茶、马奶等，最富有民族特色的饮料是"克尔西曼"和"克赛勒"。"克尔西曼"类似啤酒，是用蜂蜜和啤酒花发酵后酿制而成的，"克赛勒"是用野葡萄酿的酒，这两种酒都是塔塔尔族人民最喜爱的饮料。

54. 赫哲族

赫哲族是中国东北地区一个历史悠久的少数民族，主要分布于黑龙江、松花江、乌苏里江交汇构成的三江平原和完达山余脉。民族语言为赫哲语，没有本民族的文字。万物有灵论构成了赫哲人原始崇拜和原始宗教信仰的基础。

狗拉雪橇是赫哲族的交通方式，少则套三、四只狗，多则套几十只狗，在莽莽雪原上疾行如飞，日行百多千米，蔚为壮观。桦皮船大则需十余人划桨，轻便的如"桦皮快马"船，一人即可扛起，划行灵巧，是叉鱼和传递信息的得力助手。马是赫哲人狩猎骑乘和驮运物品不可缺少的朋友。

赫哲族是一个渔猎民族，并且是北方少数民族中唯一曾以渔业为主的民族。

55. 珞巴族

珞巴族主要分布在西藏东起察隅、西至门隅之间的珞隅地区，主要从事农业和狩猎。珞巴族有自己的语言，基本上使用藏文，崇尚自然崇拜。

珞巴族生活习俗受藏族影响较深，日常饮食及食品制作方法，基本上与藏族农区相同。珞巴族喜食烤肉、干肉、荞麦饼，尤喜食用粟米搅煮的饭坨，并喜以辣椒佐餐。

珞巴族狩猎一般都习惯于用野生植物配制毒药，涂在箭头上射杀野兽。狩猎活动大都是集体进行，猎获的野物一律平分。

后　记

　　《自然资源野外工作和生活指南》是由自然资源部长期从事野外测绘、地质勘查的同志依据他们常年积累的野外生活经验总结提炼汇编而成。目的是把他们在实践中总结凝练的野外经验和生活技巧传承给新一代自然资源工作者。

　　随着自然资源部的组建，我国生态文明建设开启了新纪元。自然资源系统工作者肩负着更大的责任与使命，测绘、地质等行业除了继续做好基础性工作外，同时肩负着为我国自然资源管理提供技术和数据支持的新使命，责任更加重大，使命更加光荣。但这些行业的野外工作性质没有变，艰苦奋斗的精神没有变。为摸清自然资源家底，把握自然资源变量，测绘、地质人就必须涉足山水林田湖草，必须经历栉风沐雨、风餐露宿的野外生活。所以，掌握一些野外生活经验，对从容应对各种艰苦复杂的野外环境，确保安全高效履职尽责是十分必要的。

　　在编写过程中，我们觉得本书若仅满足野外工作的需要，服务面又过于狭窄，由此想到近年来蓬勃兴起但又屡遭诟病的户外运动，在为野外工作者提供帮助的同时，又能为户外运动爱好者提供指导，不失为两全其美之策。于是，就形成了几乎涵盖野外生活全要素的编写思路。但测绘、地质人掌握的野外生活经验对户外运动爱好者来说是不够的，需要借鉴户外运动爱好者的经验智慧来共同拓展相关内容。所以严格意义上说，这本书是集测绘、地质人的实践经验和户外运动爱好者等多方经验智慧汇编而成。

　　为方便读者更好地理解本书，需说明以下几点。

　　其一，本书撰稿人大多数是专业技术人员，"舞文弄墨"的事儿并不擅长，特别是文字的修饰功底更为欠缺，所以本书文字风格基本是就事论事，平铺直叙，追求把意思表达清楚即可。

　　其二，由于撰稿人的野外生活经验大多来自我国中西部地区，对东南沿海的野外生活经历，诸如热带雨林、海洋、岛屿等环境的认知相对较少，所以书中列举的实例大多以中西部地区的典型地貌和景物为主，这也是本书的缺憾所在。

其三，由于本书内容涵盖多学科、多领域，其中一些领域我们并不熟知，但作为野外生活常识又不可或缺，所以通过书籍、网络等多种途径编录了相关内容，并进行加工整理，使之成为系统的知识体系，更好地服务读者，不妥之处敬请谅解。

同时，本书从策划立项、大纲确定、内容撰写、文字编辑直至终稿审核等，得到了自然资源部科技发展司有关领导和专家的精心指导，得到了自然资源部第一地形测量队的大力支持，从人员、经费、编写等方面给予了全力保障。

本书撰稿人主要来自陕西测绘地理信息局科技与国际合作处、自然资源部第一地形测量队等单位，并由西安地图出版社出版。其中，第一章主要由张长安、许诚刚编写，第二章主要由许诚刚、赵斌、余传杰编写，第三章由高振南编写，第四章由李军、韩同顺编写，附录一、附录二由段同林、张鸿编写，附录三由张朝晖编写。另外，王智峰同志在第二章第三节的地形图图式方面付出了大量劳动。

在此，对本书编辑出版给予关心和支持的单位与专家，对各位编辑的辛勤付出，对西安绿蚂蚁户外用品有限公司提供的帮助，一并表示衷心的感谢。

本书的作者们可以说是一群"把论文写在祖国的大地上"的野外工作人员，对于书籍编辑和出版等鲜有经验，加之时间仓促，书中难免有缺憾和不尽人意之处，敬请读者包涵并指正。